文房具YouTuber しーさーの

すごい！ペン解説

しーさー 著

いつもそばにある
筆記具は
ただの実用品
ではない。

作り手の
こだわりが詰まり、
使う人への想いが
溢れた１本。

文字を書くだけでは
物足りない。

集めて、飾って、
触って、見つめて。

この魅力を
もっと、伝えたい。

実務教育出版

INTRODUCTION

この本を手に取っていただきありがとうございます。しーさーです。

文房具好きが高じてYouTubeで文房具の魅力を発信している大学生です。

僕が中学校3年生のとき文房具にハマって以来、早くも7年が経とうとしています。

7年間で、好きな筆記具の傾向は変化していきました。


中高生の頃は実用的な文房具を頻繁に使っていました。

でも大学生にもなるとパソコンでレポートを書くことが増えて、文房具を使う機会は減ってしまったんですよね。

そんなこともあって最近は〝実用的〟というよりは、〝クラフトマンシップ〟を感じる、とことんこだわった文房具にハマっています。

例えば木軸ペンや、革のペンケースとかですね。


そんな自分もとことんこだわってしまう性格なため、どこか共通しているようにも感じます。

中途半端な動画は作れない。何かやるには必ず成果を残したい。一度こだわってしまうと後戻りできなくなってしまう、そんな性格です。

話が逸れてしまったのですが、この本を通して「こだわることの楽しさ」を皆さんにお伝えできればうれしいです。

自分だけのこだわりの文房具を使うと、勉強するのが楽しくなります。
僕はもともと、勉強するのはそこまで好きじゃなかったんですよね。

でも文房具にハマってから、
「文房具を集めるのが楽しい」→「こだわりのペンを使いたくなる」→「文字を書くのが楽しくなる」→「勉強するのが楽しくなる」
この過程を経て、勉強が好きになりました。

そうなんです、文房具っていうのは実は勉強に彩りを与えてくれる、めちゃくちゃおすすめできる趣味なんです。
文房具の沼へようこそ。それでは、いってらっしゃい。

しーさー

SEASAR STATIONERY

YouTube RANKING

しーさー文房具動画▶再生回数ランキング

しーさーチャンネルの中で人気のある動画をご紹介。
QRコードを読み込み、動画を体験してみてください。

（2021年4月現在）

RANKING 1

ロットリング 600 3in1　ロットリング

303 万回再生

rotring 600
3in1
王者の風格漂う
多機能ペン

最も好きなペンのひとつロットリングシリーズの動画とはいえ、まさかこの動画が1位になるとは思ってもみませんでした。ロゴの赤い輪を示すロットリングとは、信頼の印を意味するそうです。僕もしっかりと使って、見定めて、質の高いレビューができるようにこれからも努力したいと思います。

動画の中で実際に書きながら紹介するシーン。
使用感が少しでも伝わればうれしいです。

RANKING 2

9 in 1マルチファンクションツールペン　A TECH

99 万回再生

多機能ペンの進化が極まったようなアイテム。普通のペンとはかけ離れた筆記具も、注目が集まりそうなものについては、情報量を整えつつなるべく丁寧に確認し、紹介することにしています。動画の優位性を生かして、実際に手に持った雰囲気、動かし方が見えるように意識して編集しました。不思議と1本、筆箱に入れておきたくなるペンです。

きゅっ、、
9機能!?

ステンレス鋼EDCの引き込み式のボールペン・ペンポータブル繊細な署名ペンボールペンペン（銀色）

メーカー不明

RANKING 3

Amazonで見つけて、試しに買ってみた不思議な1本。明らかに雑な部分があったりと個人的にもレビューしていて楽しかった思い出があります。筆記具の面白さや可能性を感じさせてくれた貴重な体験でした。ネットでは同じような不思議な筆記具に出合うことがたまにあります。これからも積極的に発掘、紹介したいと思います。

ジェットストリームプライム

回転繰り出し式シングル　三菱鉛筆

RANKING 4

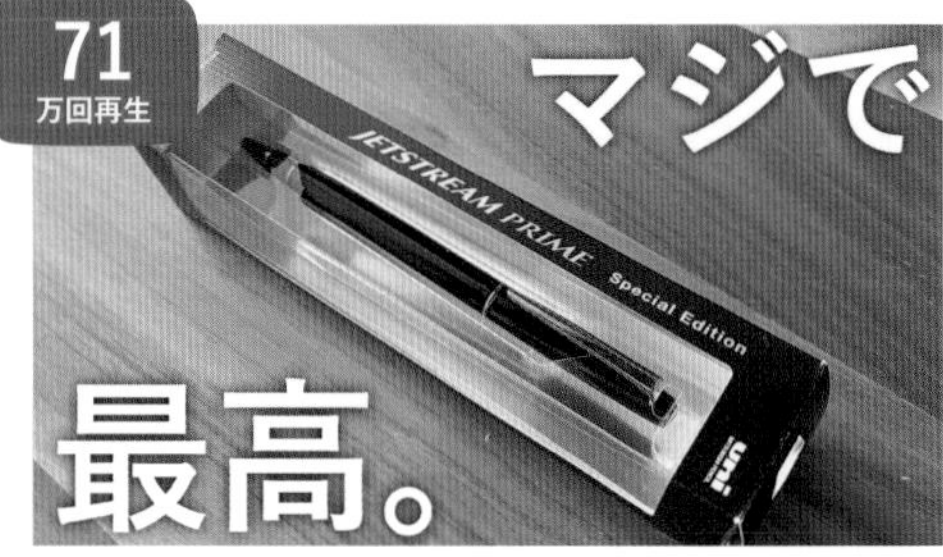

僕の紹介動画では、いいところだけではなく、気になったところも細かく紹介するのをポリシーとしているのですが、このペンはほとんどマイナス要素のない1本でした。特に表面の自己修復塗装の質感と、海外のG2規格のリフィルに対応しているところが世界を見据えたメーカーのプライドを感じさせて、かっこよさを増大させていると思います。

スペシャルペンシル

カヴェコ

RANKING 5

動画でも言っていますが、持った瞬間に"神シャーペン"と理解するくらい素晴らしすぎる1本でした。デザインと機能のバランスがよく、書きやすさにおいてこだわり抜かれたアイテムです。約140年の歴史があるドイツのメーカーだからこその質の高さに圧倒されながら編集しました。分解した中も細かく解説しているので楽しんで見てください。

RANKING 6

今でも大のお気に入りである筆箱の紹介動画です。筆箱は、筆箱そのものの機能性だけではなく、どんな筆記具をどういう組み合わせでしまうのかを考えるところに楽しみがありますよね。この筆箱は2階建てでペンが収納できる構造になっているので、普段使いの筆記具と一緒に少し大切にしたい筆記具も保管が可能。ぜひ試してみてください。

CONTENTS

CHAPTER 1
筆記具にこだわる楽しさを伝えたい

CHAPTER 2
細部に神が宿るシャーペンの世界

01
02
03
04
05
06
07
08
09
10
11
12
13
14
15
16
17
18
19
20

CHAPTER 3

こだわりのボールペン・多機能ペンの世界

CHAPTER 4

筆記具以外のお気に入り文房具

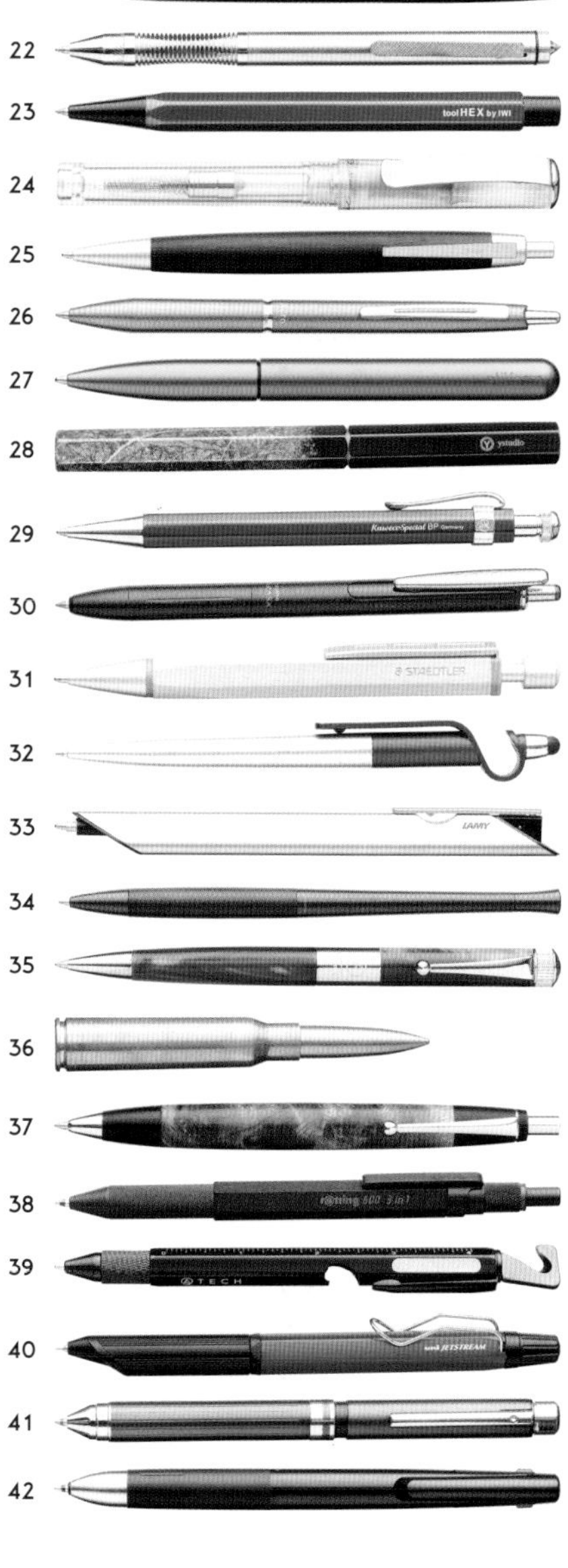

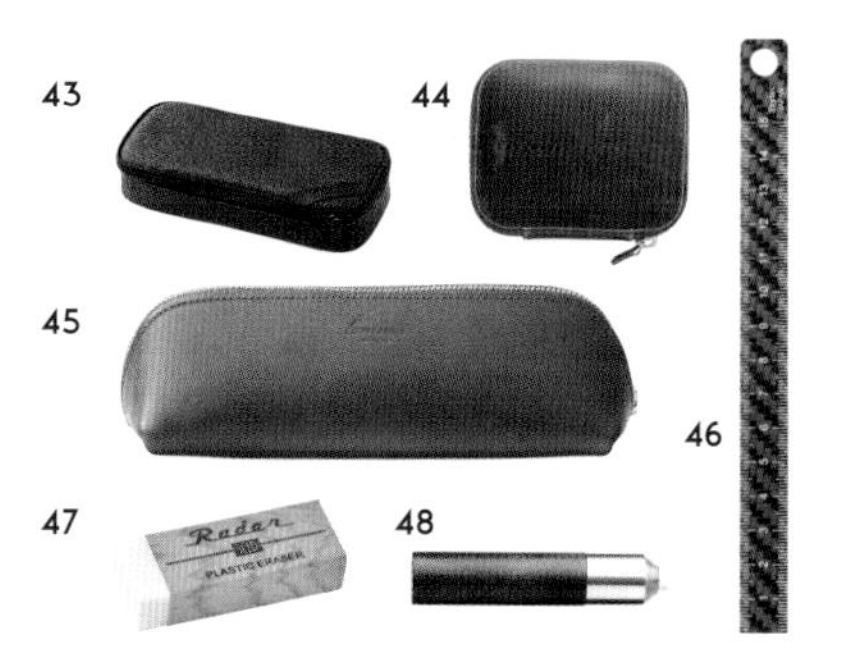

本書の読み方

色の対応：
CHAPTER2～4の写真の説明文についたさまざまな色タグは、本文に引かれた色と対応しています。

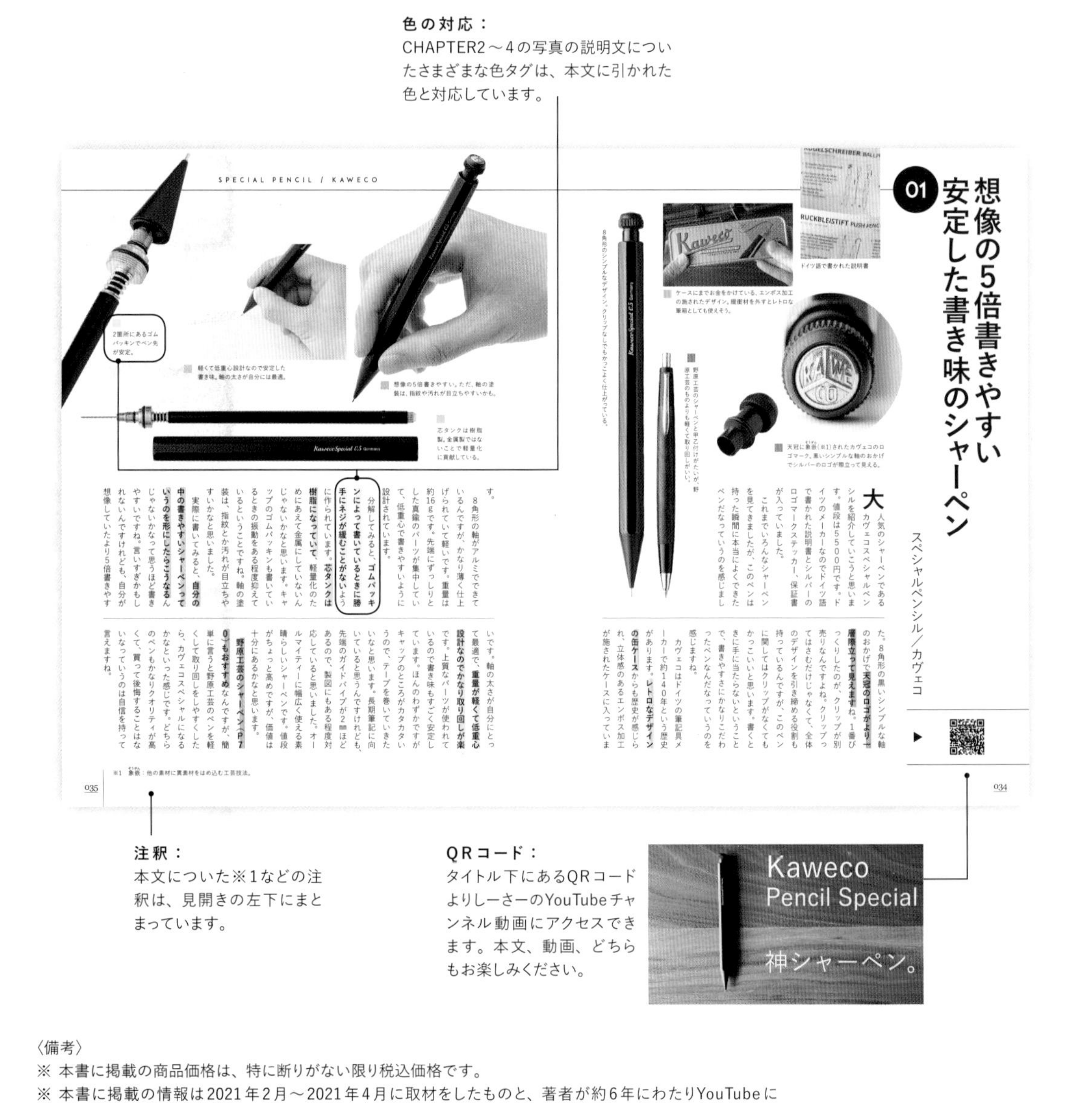

注釈：
本文についた※1などの注釈は、見開きの左下にまとまっています。

QRコード：
タイトル下にあるQRコードよりしーさーのYouTubeチャンネル動画にアクセスできます。本文、動画、どちらもお楽しみください。

〈備考〉

※ 本書に掲載の商品価格は、特に断りがない限り税込価格です。

※ 本書に掲載の情報は2021年2月～2021年4月に取材をしたものと、著者が約6年にわたりYouTubeにアップロードしたものをもとにしています。発行後やむを得ない事情により、掲載された情報の内容が変更になる場合があります。あらかじめご了承ください。

※ 本書で紹介している商品の情報や感想はあくまでも著者の個人的な主観、見解で述べられており、事実と異なる場合があっても責任を負いかねます。あらかじめご了承ください。

※ 著者がアップロードした動画内において、5つ星評価で解説している文房具に関しては、本書でも同様に5つ星評価で解説しています。あらかじめご了承ください。

※ 本書ではシャープペンシルを「シャーペン」と統一して表記しています。商品名に「シャープペンシル」もしくは「シャープペン」と表記されていた場合は、商品名のままで掲載しています。あらかじめご了承ください。

CHAPTER 1

筆記具にこだわる楽しさを伝えたい

文房具が好きになると、使いたくなる。使っていると、愛着が湧いて、もっとこだわりたくなる。こだわっていると楽しくて、勉強も（たぶん仕事も）つらくなくなる。好きになる。そんな素晴らしい連鎖を伝えていきたいと思います。

文房具YouTuber「しーさー」ができるまで

1 SEASAR'S HISTORY

周りの流行に乗れない変わった子ども

今の僕は、多くの人に文房具が好きな人として認識してもらえていると思いますが、小学生の頃の僕はとにかく「変わった人」でした。

学校のみんながカードゲームやテレビゲームに夢中になっていたとき、その流行にいまいち乗れなかったんです。どうしてもみんなと同じことができなくて、当時の僕のお気に入りの遊びはと言えばプラレールにビー玉を乗せて、高低差を使って自分の作ったレールからビー玉が脱落しないように工夫して下まで転がすこと。あとはジェンガのパーツを使ったドミノ倒しも好きでした（笑）。

お父さんに誘われてキャッチボールもしましたが、基本的には屋内のひとり遊びが好きでした。自分がなぜ流行に乗れないんだろうと考えるよりは、「なんでそんなに流行っているんだろう」って考えていて。ちょっと感覚が人とは違っていたと思います。子どもながらに孤独が好きなタイプだったんです。

そんな僕の1番古い文房具の思い出は、小学校5年生のときに使っていた『パイロットドクターグリップGスペック』というシャーペンです。5年生からシャーペンがOKの学校だったので、解禁されてすぐにお母さんと近くのお店に行って、自分で選んで買ってもらいました。ただ、すごく調べて選んだわけではなく、周りに使っている人が多かったくらいの理由だったと思います。

では、なぜ覚えているかというと、僕、昔からものを分解して仕組みを調べるのが好きだったんです。ドクターグリップというのは振って芯を出すタイプなのですが、ある日、中がどうなっているのか知りたくて分解してみたら、そこに入っていたおもりを無くしてしまったんです。それまでそのおもりが好きで授業中もシャカシャカ振って楽しんでいたので、もうすごいショックで。ちなみに、そんな苦い思い出が詰まったシャーペンは今でも大切にとってあります。自分のコレクションの1ページ目を飾る大切なペンだからです。

文房具沼に落ちたきっかけははじめしゃちょーさんの動画

こんな僕が文房具に目覚めるきっかけを作ったのも、やはりシャーペンです。それが、ぺんてるの『スマッシュ』。0・5㎜のブラックでした。当時、はじめしゃちょーさんの動画をいっぱい見ていて、その中でスマッシュの動画に出合って「こんなにかっこいいシャーペンがあるとは！」って直感でビビッときたんです。もういてもたってもいられずに、お父さんに「アマゾンでこのシャーペン買ってほしいんだけど」ってお願いして買ってもらいました。値段は当時で1000円。それまで500円前後のシャーペンしか使っていなかったので、かなり高級なシャーペンというイメージでしたね。しかも、うちはお小遣いを月々もらうのではなく、必要なときだけ出してもらっていたので、無駄使いができなかったんです。だから、お父さんにねだるにも勇気が必要だったのですが、ちょうど受験勉強にも使えるということで快く買ってもらえました。

　スマッシュが届いたときの感動は今でも忘れられません。写真で見るのとは手に取るとすごい重厚感も違ってい　て、それまで使っていたシャーペンのオーラとも違っていて、めちゃくちゃかっこよかった！　この1本で文房具の沼にひきずり込まれたんです。

歌を歌うような軽い気持ちで文房具動画を作ってみたら

　思い返すと、シャーペンを分解することも、ひとりで黙々と楽しむことも、今の活動につながっているんですよね。そして、YouTubeを見ているうちに、動画を見ていた人たちに影響されて自分もやってみたくなったんです。真似をしてみたいっていうのがたぶん1番の目的だったんじゃないかな。

　好きなアーティストの曲を聞いていると、つい歌いたくなりますよね。自分でも歌えるんじゃないかなって感覚と同じで、自分でも動画が作れるんじゃないかなって、そういう気持ちでした。

　そうして初めて動画を作ってみたのが、中学3年生の夏休み。スマッシュを買ってもらったのが1学期で、それから夏休みの最初の方にいろんなYouTuberさんの動画を見てインプットを続けていて、後半にアウトプットしたくなってきて、実際にやってみたという流れです。

スマッシュ／ぺんてる
独特のカラーとデザインがかっこよく人気のシャーペン。現在ではさまざまな限定カラーも発売されている。

ドクターグリップ／パイロット
フレフレ機構と疲れづらいグリップで絶大な人気を誇るシャーペン。中に金属が入っており、振ってこれが稼働することでノックされる。

手軽に始められるのがYouTubeの魅力ですよね。なので、1番最初に投稿した日は覚えていないのですが、夏休みの後半は3本くらい投稿したかと思います。完全に消去してしまったので内容もおぼろげなのですが、確かスマッシュか、当時よく見ていた筆箱の中身紹介だったと思います。

　今、動画が残っているものだと2014年9月4日が最初です。こちらは今は非公開にしてしまったのですが、内容はノーマディックの『二階建てペンケース PF-05』の中身を紹介する動画です。幼い声でひたすらしゃべっているだけで見るのも苦痛な動画なので、非公開にしちゃいました。

　それからも試行錯誤を経て、同じ年の9月28日に改めて投稿したものが、今公開されている中で1番古い動画です。当時はまだ台本がなくて文房具を見ながらしゃべって、後から編集をする方式で作っていました。当時のYouTubeの動画としては一般的だったかと思います。

自転車で2時間かけ名古屋の東急ハンズに通っていた頃

　最初は、今のように文房具の魅力を発信しようという思いはあまりなく、自分が好きな動画を作ったら公開という感じでした。更新頻度も不定期で、多い時でも週1ペースでしたね。

　紹介していた文房具は自分で買いに行っていました。当時は愛知県に住んでいて名古屋まで電車で30分の距離に実家があったのですが、僕は自転車で2時間かけて名古屋の東急ハンズや文房具屋さんに通っていました。部活も引退していたので時間があったんです。ひたすら目新しい文房具と触れ合っているのが楽しくって、自転車で4時間走るのも全然苦ではありませんでしたね。勉強しろよって意見もあるとは思いますが（笑）。

　そのうち編集にもこだわるようになっていき、反響も少しずつ出はじめました。反響があっただけでうれしかったのですが、自信がついたきっかけは「大人買い」をしたときの動画です。紹介した文房具の数が多かったので、サムネイルの迫力もすごかったんです。そのときの反響がとても大きくて、これからも動画投稿を続けていきたいと思いました。

　ちなみに、「しーさー」という名前は、当時沖縄旅行して好きになったシーサーからなんとなく取りました。沖縄出身、沖縄マニアではありません（笑）。

YouTube HISTORY

投稿したものの中で1番古い、自分で編集して制作した動画。2014年9月28日。文房具も好き、動画を作るもの楽しい。やらない理由がなかった。

文房具を知るなら「しーさーの動画」という存在になりたい

2 SEASAR'S HISTORY

自分なりのルールを設けて高いクオリティを守る!

ここからは動画制作のこだわりについてお話していこうと思います。まず、僕が1番大事にしているのはクオリティです。実際に使ってみるのはもちろんですが、好きなことをただ話すのではなく、しっかり情報を詰め込んで、動画1本1本を「作品」として丁寧に制作していきます。

更新が途切れ途切れになってしまうのはそのためです。特に少なかったのが高校生の頃。文房具はずっと好きでしたが、高校生活が忙しかったので、クオリティの高い作品を精力的に作っていくのは難しかったんです。

そんな時期でも、動画を作る際には自分が納得できるものにしようというこだわりを持ち続けていました。アイテムのいいところを紹介するのはもちろんですが、気になったところもきちんと伝えていくことを自分の中のルールにしたんです。

それは、自分で文房具を買っていた頃も、企業さんからの案件であっても、頂き物であっても同じ。ほんとに気になるところがなかったら別ですけど、「とにかく正直でいること」を大切にしています。

その思いは高校を卒業したあとにますます強くなっていって、大学に入学して以降、さらなる試行錯誤が始まりました。

試行錯誤をしている中で初めて味わった挫折感

今（'21年5月現在）のチャンネル登録者数は約17万人ですが、実は約1年前は1・2万人だったんです。わずか1年で急激に増えた理由は、辛い試行錯誤の結果でした。

チャンネル登録者数が1000人を突破したのは、中学の卒業式の直後。そのときは本当にうれしかったですね。そこから少しずつ増えて、高校2年生になった2017年1月16日に5000人を突破。でも実感はわかなかったんですよね。家族以外にはYouTubeの話は内緒にしていたので、周りの反響もありませんでしたし。あまり得意ではなかったんです、目立ってしまうことが。

大学生になると、もっとクオリティをあげてこれまで「趣味」としてやっていたことを、「仕事」としてやっていきたいと考えるようになりました。そのきっかけになったのが鉄道系YouTuberのスーツさん。スーツさんも最初は趣味としてやっていたけれど、今ではお金を稼いでいるというお話をされていたんです。

ご存知の方もいるかと思いますが、当時のYouTubeでは動画が10分以上だと、動画の途中に広告を入れることができて、利益が出やすい仕組みになっていました。スーツさんはおしゃべりが面白いので10分以上の動画も楽しく見られるし、

YouTube HISTORY

多くの人に動画を見られた実感を得た最初の動画。同じ楽しみを共有できる人との出会いがうれしかった。

長い方がむしろうれしくって、僕もそうなりたいと思ったんですよね。

早速、僕も10分の動画を作ってみました。でも、結論から言うと大失敗でした。時間を引き伸ばそうと長々とおしゃべりした結果、内容が薄くなってしまったんです。今思うと、クオリティの高い動画にこだわっていた自分らしさとはかけ離れていたと思います。

それがはっきりわかったのが視聴者の反応でした。批判されて、低評価の方が上回った回もあって、プチ炎上してしまったことも……。

厳しい世界だと実感しましたね。精神的にかなりきつくて、動画の更新を休止してしまったほどでした。でも僕はやっぱりYouTubeが好きなんです。だから「これじゃダメだ。とことんこだわってみよう」って方向転換をすることにしました。きちんと台本を作って、雰囲気もガラッと変えて、2分くらいの短い動画を作るようになったんです。

すると、視聴者の反応が一気に変わりました。「こういうのを待っていたんだ!」って。そういうコメントももらえてうれしかったですね。それが2019年3月8日に更新した「【大人の品格】ゼブラ フィラーレウッドの紹介!【ボールペン/文房具】」。皆さんのコメントを読んでいるうちに、純粋に趣味として楽しめなくなっていた自分に気付くこともできました。

この動画があったからこそ、今もチャンネルが継続できていると思います。登録者数もみるみる伸び、そんな変化を目の当たりにして、僕のチャンネルは自分ひとりで作っているわけではないということを学びました。

自分自身が視聴者になって「死角」のないレビューに

考え方を変えて以降は、テクニック面の向上も意識しました。1番に心掛けているのは、視聴者が実際にその文房具を手にしたときと同じくらいの情報量のレビューです。動画は写真に比べると圧倒的に情報量が多いことが強みなのですが、それがうまくいかせていないと気付き、客観的な観点で動画を作るように心掛けたんです。例えば「自分が視聴者だったらどんな情報がほしいんだろう」って。そこで、分解して中を見せたり、細かい部分を見せたり、触り心地、書き心地なども説明して、動画だけれど実際にお店で触ったときと同じ感覚になるような映像を作っています。

こだわりは「死角のない写し方」。ゆっくりと動かして全体を見せることはもちろん、実際に手に取らないとわからないようなキャップの内側とか、小さな凹凸までお伝えできるよう、照明にもこだわっています。

文房具って使いやすさも大事ですが、いろんな角度から眺め

こだわりは「死角のない写し方」

内部構造

拡大映像

光の当て方

表側

裏側

ることでかっこよさだったり、メーカーの工夫だったり、いろんな魅力が引き出されるんです。だから僕の動画では、そういうことも伝えたいって思っています。

「文房具の辞書」のようなチャンネルになるのが目標

今後は、今以上に視聴者のニーズに応える情報をたくさん詰め込んでいきたいと考えています。新発売のものをいち早く紹介するというよりは、みんなが気になっているもの、定番人気のあるものをしっかりレビューして、文房具の辞書のようなチャンネルになるのが目標です。文房具について知りたければ「しーさー」の動画を調べれば出てくるみたいな。そんな存在になりたいですね。

でも、その中にちょっとだけ自分のわがままを入れるのも僕らしさ。再生回数はあまり伸びないかもしれませんが、大好きな木軸のペンのレビューはずっと続けていくつもりです。

みなさんのニーズと僕らしさのバランスを上手に取ることが、動画作りのモチベーション維持につながって、クオリティの高さに反映されています。それがわかったのも見てくれている方たちと一緒に試行錯誤ができたおかげだと感じています。

しーさー動画を楽しみ尽くすおすすめの方法

3 SEASAR'S HISTORY

実際に手に取っているようなリアルな情報を伝えたい

動画の楽しみ方は人それぞれだと思います。だから、僕からこう見てほしいとお伝えするのは難しいのですが、ぜひ動画を見て、文房具を実際に手に取ったときと同じような感動を味わってほしいと思います。

前のページでもお話ししましたが、筆記具ならキャップの裏側も細部までアングルにこだわって撮影。実際に紙に字を書いて書き心地や使いやすさなどについて5つ星評価をしています。動画ではありますが、見ている方自身が使っている気分になってもらえるかなと思います。

また、筆箱ならどんなものが入れやすいのか、どんなものが入らないかなどがわかるように実際に入れてみたり、僕が普段使っている筆箱の中身の紹介なども定期的に動画で紹介しています。

どの文房具も、見た目の評価だけではなく、いろいろな文房具を使ってみたからこそわかる情報をできる限り詰め込むように心掛けています。自分のお気に入りだけではなく、客観的な視点でレビューをしていますので、文房具を買う前に参考にしてもらえるとうれしいです。

気になるアイテムを一気見できる再生リスト

チャンネルでは、動画の再生リストを作成しました。例えばボールペンの動画だけ、シャーペンの動画だけ一気見したい人などもいるかなと思いまして。それを見てもらうと、よりピンポイントに楽しめるかなと思います。

現在の再生リストのカテゴリーは18種類。シャーペン、ボールペン、万年筆、多機能ペン、木軸ペンなど筆記具を中心に、筆箱などの革製品、定規など学生さんがよく使う文房具もまとめてあります。

アイテムまとめのほかにも、「最近買った文房具」「筆箱の中身を考えてみた」「文房具の徹底比較」など、動画の内容別にまとめたものもあります。

中でもおすすめなのが「文房具の開封」という再生リストです。「開封の儀」をひたすら見たいという要望もあるので、まとめてみたのですが、なんと89本もありました。

ほかにも財布や時計など文房具以外も作りました。時計好きの人から「しーさーさんの動画を見て、文房具も好きになりました」というコメントをいただくことがあって、さまざまな入り口から入ってもらって、結果、文房具好きが増えるというのはうれしい驚きでした。

学生さんはもちろんですが、社会人の方も、最近文房具が好きになったという方も、気になるアイテムに合わせてこのまとめ動画を一気見して楽しんでほしいと思います。

リクエスト大歓迎 みんなで作っていきたい

まとめ動画を作っていて改めて気付いたのですが、おすすめのシャーペン紹介とか、千円未満でおすすめのシャーペンなど、視聴者が実際に商品を買う前に選びやすい動画がまだないんですよね。

これって、文房具を使う機会が多い学生さんや、お小遣いが限られている方が特に気になる情報だと思うんです。視聴者から「結局何がおすすめなの?」って聞かれることもあるので、今後はそういう動画も作っていきたいと考えています。

僕は、自分が好きな動画や視聴回数が伸びやすい動画だけを作るのではなく、どういう動画が視聴者にニーズがあるのか、どういう動画はニーズがないのかにも興味があります。

YouTuberには「高評価をお願いします」って人もいますが、自分の場合はあえて「高評価、もしくは低評価をして動画の満足度を教えてください」とお願いしています。というのは、せっかく人生の貴重な時間を割いて見ていただいているので、無駄にしてほしくないんです。楽しんでいただけたかどうかが重要なので、高評価、低評価を数字で知りたいと思いました。自分が客観的に見たつもりでも自分の作品に愛着が湧くとプラス補正がかかってしまうからです。

もっとみなさんに楽しんでもらえるチャンネルにするために、コメントはしっかり読むようにしています。自分の動画に付いたコメントって、キーワード検索ができるんです。定期的に「リクエスト」という単語を検索して次の動画のネタを考えているので、ぜひ「こんな動画が見たい」というコメントに、「リクエスト」って単語を付けてもらえるとうれしいです。

YouTube HISTORY

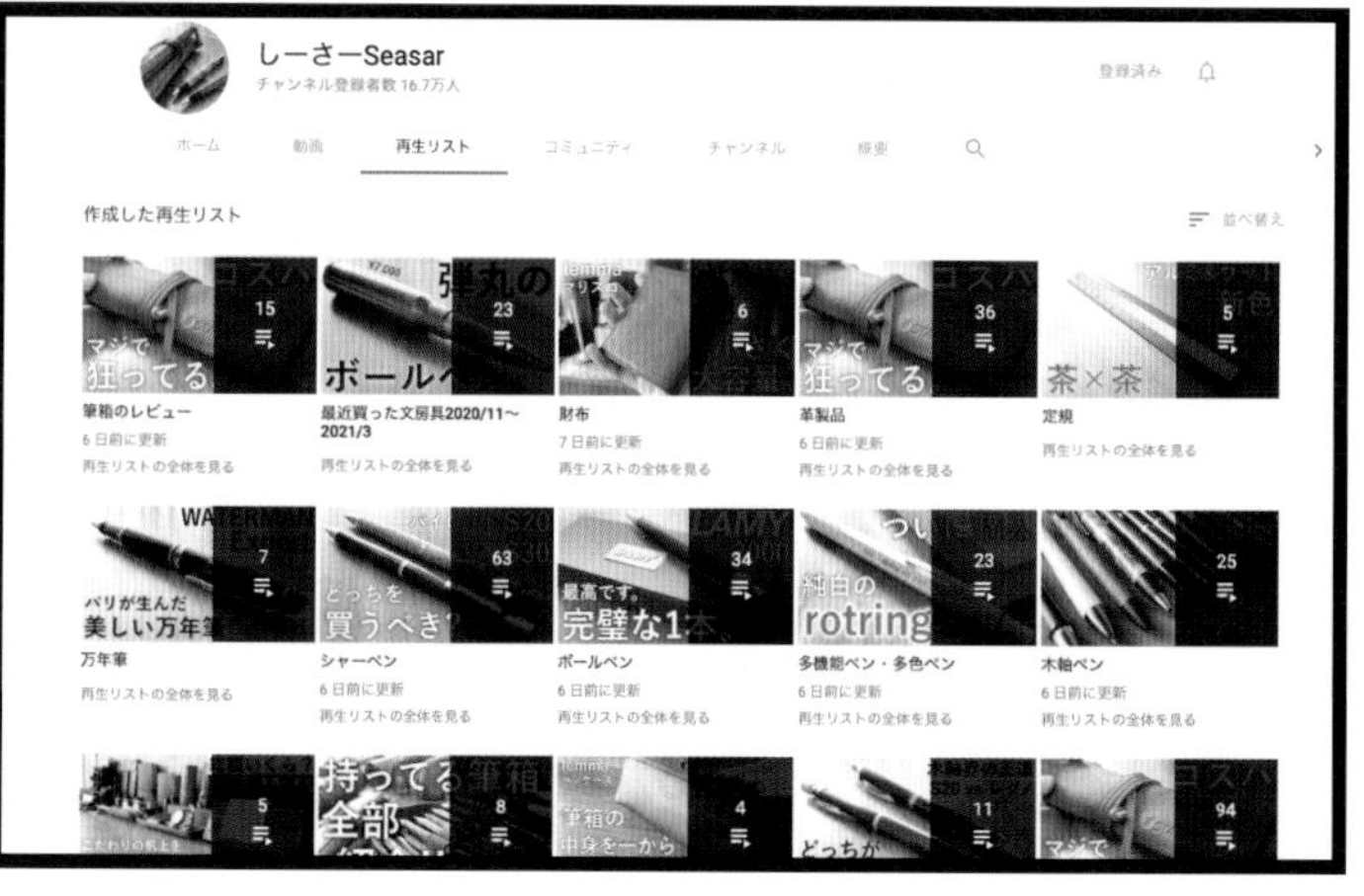

A.

C.

B.

A. YouTubeページの再生リストのタグをクリックすれば、まとめ動画を見ることができる。

B. 動画詳細をクリックすれば、動画内の情報をまとめて取得することができることも。

C. 動画のコメント欄を利用すれば、しーさーとコミュニケーションを取ることができる。

しーさー流
文房具・筆記具の
楽しみ方

SEASAR'S　HISTORY

ここでは、僕がどのように文房具を楽しんでいるのか、お話ししていきます。文房具に興味があるけれど、どんなふうに楽しめばいいのかわからない方の参考になればと思います。

本来は表に出さない殴り書きされたメモを、特別に公表。

とにかく細かく文字書きたい方におススメの多色ボールペン?

PILOT S20
PILOT S20
PILOT S30
pentel orenznero
PILOT S30
PILOT S30
PILOT S30

P ☆パーカー ジョッター XL モノクローム ブラックBT
・書きやすさ：☆☆☆☆
→さすがパーカーを代表するモデル。大きくはなってるけど、もともとかなり短 [illegible]
・握りやすさ：☆☆☆☆☆
→自分にとって、ちょうどいい太さ。がっしり握れる。マットな質感だから、汗をかい[illegible]
・インク：☆☆☆
→まあまあ。ジェットストリームとか、アクロインキといった国産のインクばかり使っていると、気になった。書き初めはかすれる。海外の油性インクはあまり期待 [illegible]
気に入らない方はジェットストリーム インクも使用可。
・書き味：☆☆☆☆
→フルメタルボディで、かなりしっかりとした作り。あと、1.0mmは [illegible] 指に伝わってくる。
・ペン先の視界：☆☆☆☆
→グリップと口金は一体化。先端はかなり細い。視界はいい方。でも、ジェットストリーム [illegible] ルの先がとがっていないので、星5つは厳しい。でも [illegible] =太かった。ただ、先端のガタツキだけが唯一気になっ[illegible] 机からのコツコ[illegible]
・デザイン・質感：☆☆☆☆☆
→これだけカッコよかったら、文句ない。→先端のリフィルまで黒だったら…と思ってしまったが、矢羽クリップがいいアクセントになっている。デザイン変更があまりされていないこともあり、完[illegible]
・コスパ：☆☆→パーカーというブランドなだけあって、少し高い。ぼったくりとは思わなかった。それ[illegible]
・ノック感：☆☆☆☆→しっかりと「ノックした感」を感じられる。奥までノックしてる感アリ。もう少し前に→ラン[illegible]
・品質・耐久性：☆☆☆☆☆→表面の仕上げはすごく丁寧。フルメタルボディで、かなり堅牢な作り。もう少しガタツキと思[illegible]
・ギフトとして：☆☆☆☆☆→これはオススメ。ギフトだと、5000円以上から考える人多いと思うか[illegible] お手頃で、デザイン性高く、必ず喜ばれるBPなんじゃ[illegible]
・総合：☆☆☆☆☆
唯一気になったのは、ペン先のぐらつき。書いてでもカチカチ音が鳴ってしまう。[illegible] で巻いて、ガタツキをなくしてほしい。最強のBPに。少し高いけど、デザインにビビッときたら買って[illegible]

How to enjoy. 1

筆記具はまず、書いて楽しむ

みなさんも同じだと思いますが、僕も中高生の頃は文房具を使う機会が多く、勉強すること自体が文房具を使う主目的でした。大学生になった今は、レポートもパソコンで作成するようになって、紙に書くという行為が減ったのですが、それでも書くことはしっかり楽しめています。例えばスケジュール管理。あまりノートは使用しないのですが、紙に今日のやることを書き出したり、動画の制作に関するメモなどを書いて実用的に筆記具を使っています。

文房具は実用的な使い方以外に、趣味としても楽しみ方は無限にあります。僕が好きなのは筆箱の中身を考えること。特殊ではあるんですけど、ひとりでじっくり入れ替えてみるのが好きですね。

How to enjoy. 2

筆箱の中身をじっくり考える

入れられる本数が決まっている筆箱に、お気に入りをどの組み合わせで入れるか試して楽しむ。

文房具にハマる前は筆箱の中身にこだわることはなかったのですが、こだわりだすと中身に統一感があるかとか、どれだけ美しいか、筆箱の雰囲気とペンの雰囲気が合っているかとか、そういうのを考えるのが楽しいことに気付きました。例えば10本差しのペンケースなら、限られた本数の中で何を選ぶか、ポケットには何を入れようかとか考えるのがすごい楽しみなんです。勉強に使っているときは使いやすさ重視でしたが、勉強として使わなくなってからは筆箱の構成が自由になって、思う存分にこだわりを詰め込むことができるんです。

How to enjoy. 3

磨きながらじっくり眺める

文房具の中にはフォルムがかっこいいものや、装飾が美しいものがたくさんあります。だから使うだけではなく、眺める楽しみというのもあっていいのだと思います。

僕の場合はただ眺めるというのではなく、大好きな木軸のペンをお手入れしながら眺めるのが好きです。セーム革でひたすら木軸を磨くときれいなツヤが出るんです。木軸のペンを買ったときにオイルが付属しているものがあるんですけど、そのオイルを使って磨くと輝きが一段と増してかなり美しいんですよ。それをじっくりと鑑賞する時間が好きです。

定期的に磨くことで、経年変化を実感しながら、愛着を再確認することができる。

How to enjoy. 4

徹底的に情報収集をする

情報収集は動画を作るうえでも欠かせない作業のひとつなのですが、趣味としてもいろいろなアイテムの情報を調べるのが好きです。これまでなかったシャーペンやボールペンが新発売されるとわかったときの喜びはひとしお。

最近だと、ぺんてるのオレンズネロの0・5㎜が登場すると聞いてめちゃめちゃテンションが上がりましたね。これまで0・2㎜と0・3㎜しかなかったので、ついに0・5㎜がくるかって感じで。

少ない情報の中、書きやすさとか書き味をあれこれ予想して、妄想レビューを楽しむのも面白いですよ。これまであれこれ買ってきたからこそその知見を活かして、想像を膨らませるのが好きなんです。

メーカーのウェブサイト以外にも、文房具店のサイトも定期的に訪れる。文房具の詳細はもちろん、限定アイテム情報などをチェックできる。

レグノ モクメ／パイロット
美しい木軸のシャーペン。その中でもレアな模様のものを探して何店舗も回ることも。ちなみにこの木軸は、縮杢（ちぢみもく）という模様が浮き出た木材の中でも価値の高い部位。

How to enjoy. 5

文房具屋さんで買う

文房具には、購入する楽しみというのもあります。つい先日も、文房具店で千～万単位でお金を使ってしまいました。ネットと文房具店で買うのはそれぞれのよさがあるので、僕はいつも併用しています。

ネットでの購入は、お店に行く手間がかからないことと、店頭より安く買えるというのが魅力です。クリックひとつで買えるので、ほしいものが買いやすいですよね。

でも、僕はあえて「文房具店」で買うことを大切にしています。文房具店で買うのはネットでは知らない文房具ばかり。新発売ではなくても、これまで見たことのない文房具を実際に見るとよさを実感しやすく、テンションが上がります。しかも、文房具を買った帰途もワクワクが続くので、おすすめです。

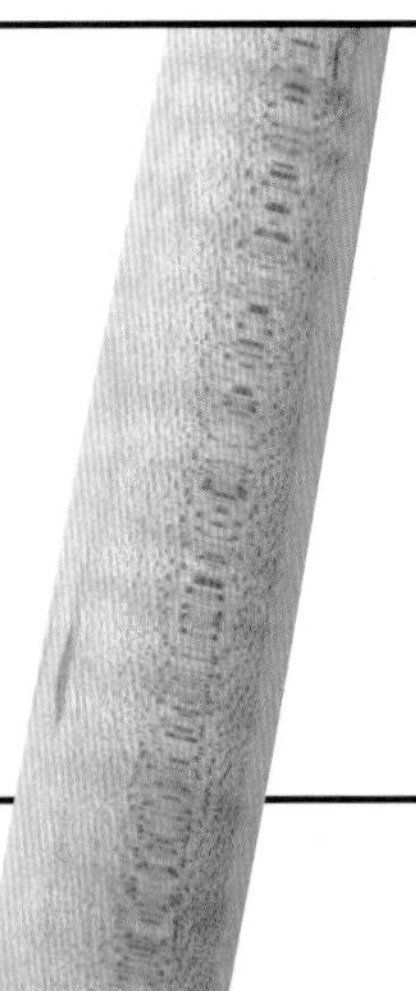

How to enjoy. 6

動画を作って情報発信する

僕の場合は、さらに動画を作る楽しみが加わります。情報を集めたり、買って試したり、インプットを続けていると、必ずアウトプットしたくなるんです。

でも、アウトプットするからには中途半端な知識では人に見せることはできません。

文房具が生まれた背景や歴史なども徹底的に調べます。それを続けることで自分も筆記具について詳しく知ることができるので、満足感もどんどん高まっていくんです。

動画にするなら自分なりの考察も入れないとダメだと思っているので、文房具はじっくり使います。こうしてどんどんと知識を増やしていくことが大きな楽しみになっています。

もしも、YouTubeをやっていなかったら、僕はここまで深く文房具を楽しめていなかったと思います。文房具のよさを伝えること。これが今の僕の最大の楽しみ方です。

誰かに見せる前提で文房具を見ると、なんとなくだった知識をより正確な情報として理解、楽しむことができる。

文房具を楽しむために必要なのは、文房具だけではないと思っています。実用品なので、目的ができたときに活躍してくれればいい、というのも間違いではないと思うのですが、僕の場合は、特にお気に入りのものを机の上に美しく並べることにしています。

机の上に置いているのは、筆記具と筆箱、万年筆インク、革カバーのノート、時計、カレンダーとブルートゥースのスピーカーです。お気に入りを視界に入れておけるうれしさを味わえる心地よい環境を作れば、文房具の可能性を「使う」以外に「鑑賞する」というところまで広げることができます。僕は木や革の素材が好みなので、茶系のアイテムが多く並んでいます。好みにもよりますが、全体的に色を合わせておくと、統一感が出て、より美しく見えます。僕の場合は、机の1番後ろに間接照明を設置して、文房具が映えるように工夫しました。

動画撮影のステージ
しーさーの机の上を公開

机に座るだけでテンションが上がる――これが僕にとって幸せのひとつの形なんです。

並べ方のコツなのですが、僕は手前から後ろに向かうほどにアイテムの標高を高くしています。そうすることで、それぞれをしっかり一覧することができて、取り出して使うときにも便利です。また、横の高さはなるべく合わせるようにします。ガタガタになると見苦しいですし、落ち着きません。おおよそですが、中央が1番高くて、左右に少しずつ稜線ができるように並べます。

置きすぎないことも大切ですね。好きで集めたコレクションをたくさん持っているとついつい多くの文房具を並べてしまいがちですが、それではひとつひとつを観てあげられません。なるべくシンプルに、でも満足できるラインを探して、自分なりの理想の机の上を作ってみてください。

A. ブルートゥーススピーカー
レトロなデザインが気に入っている。音質を調整することもできる。

B. 革カバーの手帳
実はあまり使っていない。見て楽しむ用になっている。

C. セリアで購入したペンスタンド
値段の割に色がマッチしていて気に入っている。取り出しやすい形状も◎。

5 SEASAR'S HISTORY

憧れの工房を訪ねて

野原工芸が作る「究極の1本」の魅力

WORKSHOP TOUR & INTERVIEW

YouTubeでも相当な熱量で紹介されている野原工芸のペン。
あこがれ続けた工房にしーさーが初訪問！
作り手のこだわりと思いを率直に聞いてみた──。

野原一浩（野原工芸代表）

国立高岡短期大学産業造形専攻科修了後、家具メーカーに勤務。その後、スウェーデンのカペラゴーデンサマーコース（woodwork）に参加した。帰国後から家業に従事。

うっとりするほど美しい木目のペンは作り手の職人魂とともに作られる

しーさー（以下、㋛）野原工芸さんは今、完全予約制でお店を開かれてますよね。なぜ完全予約制なんでしょう。新型コロナウイルス感染症への対策でしょうか？

野原一浩（以下、㋨）コロナ対応という面も確かにあるんですが、うちは山奥にお店があるため、ふらっと立ち寄るお客さんはまずいないんですね。確実にうちを目指してやって来る。そういうお客さんが2組同時に来ると、個別対応できなくなってしまうんです。今、1組につき2時間という時間制限を設け、お客さんにはじっくり見てもらえるようにしています。こちらが対応できないという事情も確かにあるけれど、とにかくゆったり過ごしてもらいたいと考えているんです。

㋛ 2時間もここで過ごせるんですね！　野原工芸としては、いつから筆記具を作っているんですか？

㋨ 親父の頃からだから23年とか、それくらい経つと思いますね。このあたりの地域は木工芸の中でもろくろ屋さん（木を回して削る）が多くて、うちももともとは茶筒などを作っていたんです。

㋛ どういうきっかけで筆記具を作るようになったんですか？

㋨ 木軸のペンを作り始めたきっかけは、親から聞いた話だと、大きくて重たい荷物を抱えてイベントや催事に出かけたとき、隣で宝石商さんはカバンひとつで来ていて、「我々は手に収まるもので何十万、何百万を売り上げるんだぞ」と言われたらしくて。いや、木にだってそれくらいの価値があるんだぞと思ったらしいです。それで、手に収まるくらいのサイズのもので、木で何かを作りたいとずっと思っていたと。

㋛ それで奮起したんですね。かっこいいですね。

㋨ 昔は大きいこたつテーブルなども作っていたようですが、うちの親父の代になってからは小さいものばかりを作っています。だから小さくてもいいものを作るという方向性は元からあったんです。あとやはり、たとえばお椀は原木を削って作るので、元の材から8～9割削ってしまうんですね。すごくもったいない。

㋛ 確かに、言われてみるともったいないですよね。

㋨ だから、端材の部分をとっておいていたんですよ。何に使えるかわからないけれど、山ほど残してあった。

ペンに合う木材かどうかは作ってみなければわからない

㋛ すごく良質な木材を使用されてますもんね。今は何種類くらいの木を使っているんですか？

㋨ ちゃんと数えていないけれど、たぶん200種類を超えていると思いますね。

㋛ 200種類？　それはすごい。それは日本の木だけじゃないんですか？

「人間の手って精密だから普通の人でも0.5㎜の差がわかってしまうんです」

野 はい。同じ木の種類でも木目の違いで分けてしまうので。あと、楓の木ひとつとってみても、実は何十種類とあるんですよね、厳密に言えば。

し 使う木材はどう選別をしているんですか？

野 特に選別はしていないです。種類が多いのは、面白いからというだけ（笑）。好きだから集めちゃうんですよ。

し めちゃめちゃ前向きな意見ですね（笑）。削ったときに面白い木目が出そうだなとか、そういう観点もあるんですか？

野 ありますね。表情があるとか。なので、集めはするけれどその木材が筆記具に向いているかどうかというのは別問題ですね。ただ、やはりいわゆる銘木と言われる木は、有用性が高い木だから、そういう風に言われている木は問題なく筆記具に加工できるんです。

し なるほど。でも、節とか、表情があるっていうのは中にゆがみがあるということでもあるわけで、成形しにくいんじゃないかと思っていたんです。

野 確かにそういう面もあるけれど、そこは腕でなんとかしています（笑）。

し 納得です（笑）。

野 私がボールペンを作るときに1番気を付けているのは、1本1本がちゃんと同じ形になること。大量に生産していると若干の差は出てしまうのだけれど、人間の手って精密だから、普通の人でも0・5㎜の差がわかってしまうんです。しかも、うちのペンはひとりで何本も持つ人が多いので、太さが違ったら話にならないんですよ。

し 「1本の運命の品があればいい」というのではなくて、ユーザーに何本かを同時に使用されることを想定して、ちゃんと形状を合わせておく、ということですね。

野 それもありますし、昔買ったものと今のものとで形が違っていても困るでしょうし。

し 確かに。長く使うことを想定して買われる人も多いはずですし。だからこそそこを変えないということですか。ちなみに1日に何本くらい作れるものなんですか。

野 最後の削る部分だけだったら1日に30本くらい。でも仕事柄、1日中工場にいられないんですよ。

し 作業だけじゃないですもんね。修理や販売もある。削る方は今何人くらいいらっしゃるんですか？

野 今のところ私と父のふたりだけなんです。だからどんなにやっても1日に60本くらいがマックスの本数です。

し 職人さんを今後増やしていくというお考えは？

野 一応、近いうちにひとり増える予定です。

01

工房の2階には仕入れたたくさんの木が寝かされている。中には40年、50年と寝かされた木もあり、いつ使えるかはそれぞれの木の性質、状態を見ながら決める。

02

仕入れた木は形も大きさもさまざまだが、ペン加工しやすいように手に持っているような長方形の形にいったん切り出す。この状態で、再び寝かせる木もある。

03

ペン芯を入れる金具を装着した状態。同じ種類の木でも切り出す場所や乾燥状態などで異なってくるため、手にした木の状態を見極めながら作業を進める。

04

木軸を削る専用の機械に装着。四角い形から、手で握ったときにフィットするようになめらかな曲線に削り出していく。機械もかなり年代もの。

05

1000年以上の歴史を持つ南木曽ろくろ細工から、ペン作りを始めた伝統工芸士の野原廣平（のはらこうへい）さん。息子である一浩さんとともに、今も現役でペン作りを続けている。

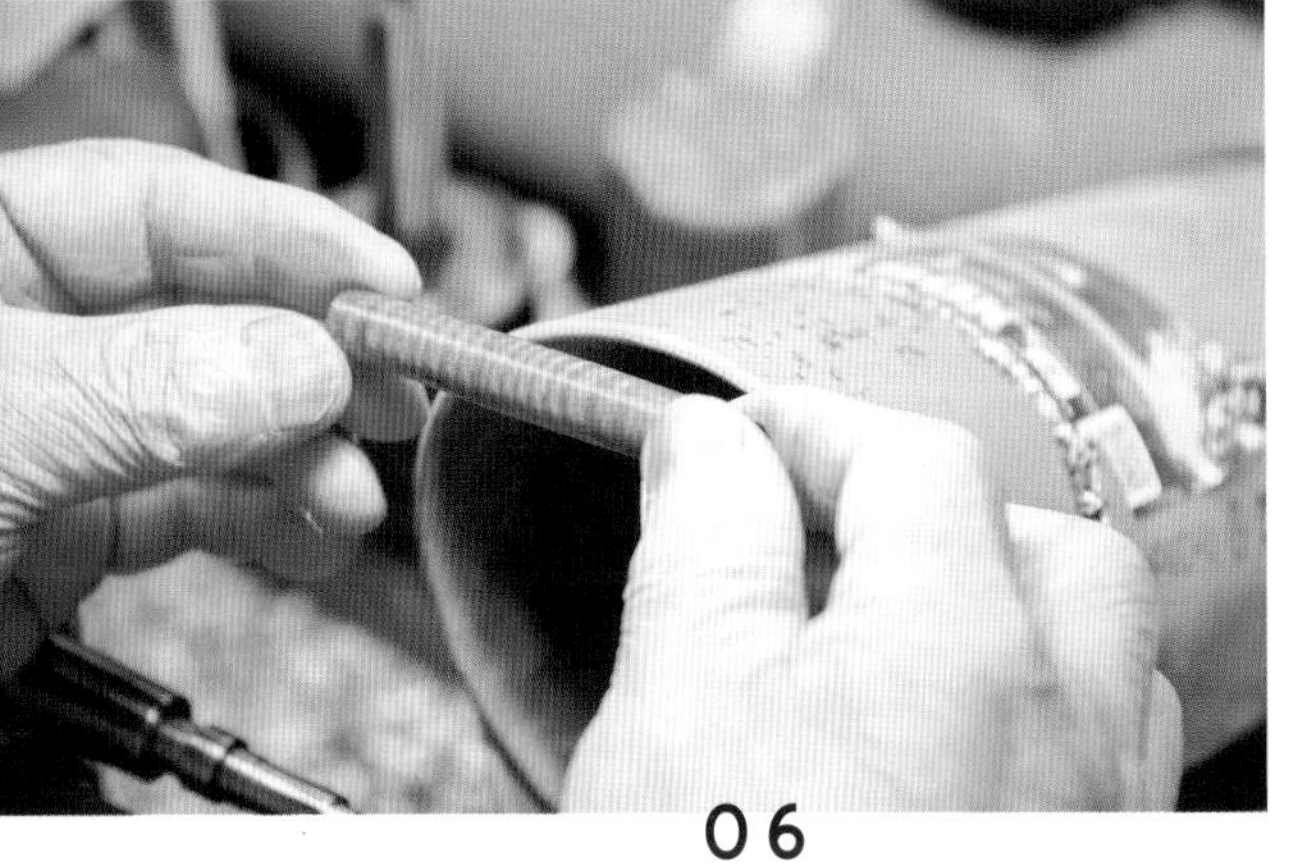

06

できたての木軸。そこから出るオーラのような、輝きが半端ない。木目の美しさがくっきりと浮かびあがってくる瞬間に立ち会えたことに感激。

軸になる前の木材。こうしてみると、1本1本の表情がまったく違うことがわかる。当然加工する際の力の入れようもすべて異なってくる。

07 店内ではいろいろなペンの試し書きが可能。ネットストアでは販売されていない木軸のペンもあり、至福の時間を過ごすことができる。

自分だけの1本を選ぶ喜びと迷う喜びが味わえるお店

し お店にいらっしゃる人ってどのように「自分の1本」を決めるんでしょう。

野 ある程度決めてからお店に来る人が多いと感じています。でも決めてきたけれど、実物を目にすると結局決まらなくなっちゃう人がほとんどですけれどね（笑）。同じ木の種類の中で迷ってしまったりするので。

し「どれが私の1本なのか」と。

野 そう（笑）。

し 僕はオンラインストアで選んだので、木目を見て決めたわけじゃなかったんです。でも木工店とかに行くと僕もどっちにしようかと絶対迷ってしまうがいいですよね。長く使っていると自分の手になじむし。オンラインで選んだとき、最初は不安だったんですが、届いたのを見たら本当によい木目で。

野 1番最初はどこでうちのペンのことを知ったんですか？

し 僕はYouTubeをやっているんですけど、先輩にあたる人が紹介していて。その人と実際にお会いしたときに実物を見て、「これ、めっちゃいい」となって。

野 今回、うちの場所がわかったと思うんで、次はぜひ予約してお店に来てください（笑）。

し ぜひ！　電話の予約って、すぐに埋まっちゃう感じですか？

野 そうですね、前回は1時間でひと月分が全部埋まって、そのあとも電話が鳴りやまず、ひーひー言ってましたね。

し はぁ……すごい。

野 ただ、今回、さすがに1カ月じゃ短すぎるよねっていうことになって。これからは1回で4カ月分、年3回くらい予約を受け付けるイメージでいます。

し 対応だけでも大変ですね。今後は少しずつでも増産していくイメージですか？

野 というか、今現在、生産が追いついていないから、まずは消化をしないと（笑）。

し 加工についてもお聞きしたいんですが、木材によっても加工のしやすさ、しにくさがあると思うんですけど、やわらかい方が最初は作りやすいものなんでしょうか？

野 やわらかすぎる方が逆に大変かな。屋久杉とか。刃をとがらせておかないと木がぼそぼそになっちゃう。ある意味、硬い木の方が楽ですね。加工に関して言えば、うちは木工屋だけど、機械や刃のことをきちんと理解して自分なりに改造しないといい仕事はできないんですよ。木のことだけ知っていればいいというものではないんですね。手道具は、自分の道具でないと癖もあるからうまくいかないし、機械類は全員が使えるように調整はするけれど、それでも、安全に使うための道具だったり精度を出すための方法っていうのは、改良していかないとだめですね。

し 加工する人の体格によって

08

お気に入りのシーオークの木軸を見せていただく。1本、1本、木目や表情、色合いが異なるため、いざ選ぶとなれば相当な時間が必要となるはず。

09

木軸の筆記具が好きすぎて、自宅にどんどんと増えていく。後悔は全くない。実は取材前にも野原工芸のネットストアで5本注文したばかりだった。

力の入れ加減もきっと違いますもんね。

野 木軸のペン自体はDIYでも非常にメジャーで、趣味で作る人もいます。そことうちの違いを考えたときに、用意した道具をそのまま使っているかそうじゃないかというところはあると思うんですよ。もちろん部品に関してもオリジナルのものになるので、単に木から削り出せば、使える「もの」になるというわけではない。

愛着のあるペンだからこそ それぞれにストーリーがある

し 製品を、ボールペンとシャーペンにした理由を教えてください。

野 これは単純で。世の中で使用されるペンを考えたとき、万年筆よりもボールペンとシャーペンがより一般的に使用される道具だから、ですね。

し 今後の展開を考えたとき、変えていこうと思うところ、あるいは伸ばしていこうと思うところはありますか。

野 前提としてうちのペンって、常に改良しているんです。形は変えていないけれど中に入るインクの種類を変えるとか。1〜2年単位で内部を少しずつ変えているんです。

し 中身の構造物をより精度のいいものに変えたり？

野 それもありますけど、表面処理を変えたりとか。

し 金属部分は？

野 金属部分は大手メーカーのOEMをやっているところにお願いしていますね。

し 最近ではどのようなところを1番調整したんですか？

野 完全にメジャーアップデートで、シャーペンはかなり変わりました。まずはステンレスパイプに変えて。構造も違う。でも旧型と組み換えはできるようになっています。

し それはうれしいですね。アップデートしながらも、ちゃんと互換性は残していくのがすごい。以前購入した方からペンの修理を頼まれるケースも多いんですか？

野 修理は郵送でも受け付けているんですけれど、ほぼ毎日どなたかから届きますね。何かしらの修理が毎日ある状況です。金メッキが剥げて銀メッキのようになっていたり。

し かなり使い込んでますね。でも、その方が愛着が湧くんですよね（笑）。

野 そうそう（笑）。面白いケースだと、「車にひかれたペン」。

し え、なんですか、それ（笑）。

野 その方は、大手のカーディーラーさんで、仕事で使用しているときにうっかり落として転がっていってしまった、という。

し そこに車が来て、ですか。まさに「車にひかれ」ちゃったんですね、ペンが。

野 ええ。それで割れてるペンが送られてきたことがあります。中に真鍮（しんちゅう）のパイプが入っているんですが、それが壊れていなければ、金具だけ交換すれば形にはなります。ほかに修理が

09

らみの話で言えば、ずっと使い続けて木の部分が「うづくり」という加工を施したみたいに、硬いところとやわらかいところでぼこぼこと波打った状態のペンの修理を依頼されたことがありました。本当にいろんな方がいらっしゃる。そういうのを見ると、修理は面白いですよね。二〇〇九年以降のものであれば、すべて修理に対応できます。

し 修理されるときって、そのペンを見ればどのように使われてきたのかがなんとなく見えるものなんですね。

野 そうですね。持ち癖だったり、書き癖だったり。あと、小学生の頃に買った子が高校に合格したので1回修理してくださいって言ってボロボロのを持ってきて直したら、今度は社会人になったときに「中をボールペンに差し替えてください」って持ってきたり。

し シャーペンをボールペンに変えることができるんだ。すごいストーリーですね。大事な1本だからそれでサインしたいという気持ち、わかる! 学生から社会人になるとシャーペンの使用頻度は下がりますもんね。

野 もう1本買ってくれてもいいんだけどなって思ったりするけれど(笑)。

し (笑)確かに! でも、なんかいい話聞いちゃいました。木軸の可能性というか、愛着が移行していく感じがすごく素敵ですね。

野 新品はまだスタート地点なんです。そこからどう変化させていくか。木製品にしても皮革製品にしても、そういった類のものっていうのは、使い始めよりも使い続けることで自分の中で価値が上がっていく。これ(木軸ペン)は美術品ではなくて実用品だから、使い倒してもらいたいんです。その過程の中で、壊れてしまったら修理しますよ、というものなので。

当たり前を当たり前にこなす それがいいペン

し 野原さんにとって、「いい筆記具」とは何ですか?

野 筆記具に限定せずいい道具は何かと考えると、道具として過不足なくちゃんと使えるということ。そのうえで、そこから愛着を持てるとか使っていて楽しいというのは、人それぞれの価値観になってくると思う。当たり前のことを当たり前にできるっていうのが大事かな。

し ちゃんと使えるって、結構難しいですよね。ちなみに、今はシャーペンとボールペンのラインアップですけど、万年筆って今後ラインアップに加える予定はあるんですか?

野 万年筆は、10年以上前から話は出ています。けれど、うちの部品って、すべて日本製なんですよ。で、万年筆は、大手メーカーしか扱ってないし、しかも看板製品なのでOEMが難しいんですよね。だから、個人でいるところは、昔大手に職人さんとしていた人が辞めて個人で始

野原工芸

長野県木曽郡南木曽町吾妻4689-644
店舗営業時間：10:00－17:00（完全予約制）
店舗営業日：毎週金、土、日、祝日
HP：https://www.nohara.jp/
※来店予約、ネットストアなどの情報はホームページをご覧ください

めているとか、それ以外だとドイツ製のものを使っていることが多いんです。

し 野原工芸さんでは、日本製にこだわられているんですか？

野 そうですね。だから、万年筆は難しいかなという話になっているんです。

し 自分が持っているペンの中で、野原工芸さんのペンが1番書き心地がいいと感じているんですが、書き心地で何か工夫されていることってあるんですか？

野 ペンに重量を持たせているっていうのが大きいかな。うちが木軸のペンを作ったのはボールペンが最初なんですけれど、うちの父は軽すぎるペンがあまり好きじゃないというところがあって、重量のあるペンからはじまっているんですね。だからうちのペンに慣れてから軽いペンを使うと、軽すぎてすごく気持ち悪いんですよ（笑）。シャーペンにもある程度の重さを持たせているっていうのも、ボールペンから派生してできたというのがあります。

し 今後の展望をぜひお聞きしたいです。

野 うちは基本的に木工屋なので、木に関心を持ってもらうための入り口としての役割を持てたらいいなと思っています。自分の身近にある机の素材ってどういう木なんだろうとか、立っている木がなんていう木なんだろうと思ってもらったりとか。そういうところからでもいいので、ちょっとでも木に興味を持ってもらえたらいいなと思っていて。ステーショナリーに限らず、その延長線上にあるものづくりをしていきたいなと思っています。

し 最後に。ズバリ、木の魅力って何でしょう？

野 まず1本1本同じものがないところ。同じ木目はふたつとないので。たぶん、ずっと使っていたら、同じような見た目でも使っている人には見分けがつくと思うんです。そのうえで、使っていると変化もしていく。変化を楽しむという意味で、量産品とは違う面白さがあるのも魅力のひとつだなと思っています。

し 貴重なお話を、ありがとうございました！ 工房を見学し、お話を聞かせていただいて、これから野原工芸さんのペンを使うのがより楽しみになりました。今後とも、どうぞよろしくお願いいたします！

CHAPTER 2

細部に神が宿る シャーペンの世界

重さ、素材、形、色、取り回しのよさなど、少し変わるだけで使い心地も変わります。細部を見定めて、自分に合う最高の1本を手にしてください。

01 想像の5倍書きやすい安定した書き味のシャーペン

スペシャルペンシル／カヴェコ

大人気のシャーペンであるカヴェコスペシャルペンシルを紹介していこうと思います。値段は5500円です。ドイツのメーカーなのでドイツ語で書かれた説明書とシルバーのロゴマークステッカー、保証書が入っていました。

これまでいろんなシャーペンを見てきましたが、このペンは持った瞬間に本当によくできたペンだなっていうのを感じました。8角形の黒いシンプルな軸のおかげで**天冠のロゴがより一層際立って見えます**ね。1番びっくりしたのが、クリップが別売りなんですよね。クリップってはさむだけじゃなくて、全体のデザインを引き締める役割も持っているんですが、このペンに関してはクリップがなくてもかっこいいと思います。書くときに手に当たらないということで、書きやすさにかなりこだわったペンなんだなっていうのを感じますね。

カヴェコはドイツの筆記具メーカーで約140年という歴史があります。**レトロなデザインの缶ケース**からも歴史が感じられ、立体感のあるエンボス加工が施されたケースに入っていま

8角形のシンプルなデザイン。クリップなしでもかっこよく仕上がっている。

野原工芸のシャーペンと甲乙付けがたいが、野原工芸のものよりも軽くて取り回しがいい。

ケースにまでお金をかけている、エンボス加工の施されたデザイン。緩衝材を外すとレトロな筆箱としても使えそう。

ドイツ語で書かれた説明書。

天冠に象嵌（ぞうがん）（※1）されたカヴェコのロゴマーク。黒いシンプルな軸のおかげでシルバーのロゴが際立って見える。

2箇所にあるゴムパッキンでペン先が安定。

軽くて低重心設計なので安定した書き味。軸の太さが自分には最適。

想像の5倍書きやすい。ただ、軸の塗装は、指紋や汚れが目立ちやすいかも。

芯タンクは樹脂製。金属製ではないことで軽量化に貢献している。

す。

8角形の軸がアルミでできているんですが、かなり薄く仕上げられていて軽いです。重量は約16gです。先端にずっしりとした真鍮のパーツが集中していて、低重心で書きやすいように設計されています。

分解してみると、**ゴムパッキンによって書いているときに勝手にネジが緩むことがない**ように作られています。**芯タンクは樹脂になっていて**、軽量化のためにあえて金属にしていないんじゃないかなと思います。キャップのゴムパッキンも書いているときの振動をある程度抑えているということですね。軸の塗装は、指紋とか汚れが目立ちやすいかなと思いました。

実際に書いてみると、**自分の中の書きやすいシャーペンっていうのを形にしたらこうなる**んじゃないかなって思うほど書きやすいですね。言いすぎかもしれないんですけれども、自分が想像していたより5倍書きやすいです。軸の太さが自分にとって最適で、**重量が軽くて低重心設計なのでかなり取り回しが楽**です。上質なパーツが使われているので書き味もすごく安定しています。ほんのわずかですがキャップのところがカタカタいうので、テープを巻いていきたいなと思います。長期筆記に向いていると思うんですけれども、先端のガイドパイプが2㎜ほどあるので、製図にもある程度対応していると思いました。オールマイティーに幅広く使える素晴らしいシャーペンです。値段がちょっと高めですが、価値は十分にあるかなと思います。

野原工芸のシャーペン（P70）もおすすめなんですが、簡単に言うと野原工芸のペンを軽くして取り回しをしやすくしたら、カヴェコスペシャルになるかなといった感じです。どちらのペンもかなりクオリティが高くて、買って後悔することはないなっていうのは自信を持って言えますね。

※1　象嵌（そうがん）：他の素材に異素材をはめ込む工芸技法。

02 引っかかりとグラつきをカバー 完成度の高いシャーペン

オレンズネロ「ゼロゴ」／ぺんてる

ごつごつとしたグリップ。真っ黒なボディは存在感がある。

オレンズネロの最大の特長である、自動芯出し機構。最初にノックするだけで、芯がなくなるまで書き続けられる。

オレンズネロの限定の詰め替えケース。コンパクトで真っ黒なひし形の詰め替えケースがかっこいい。

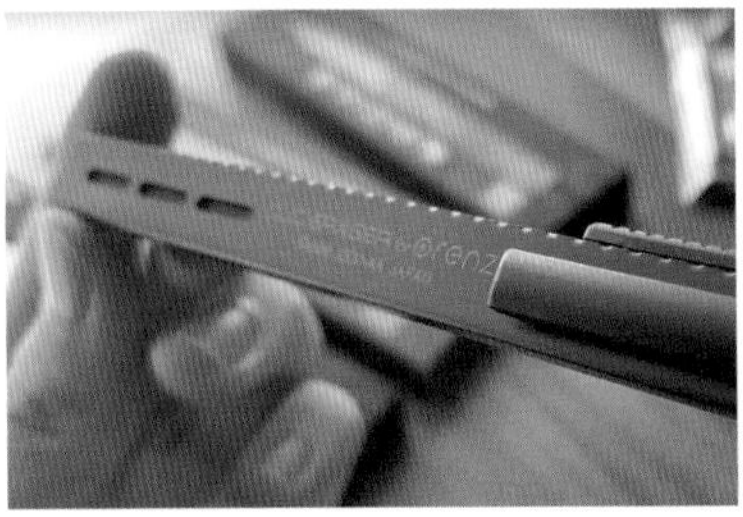

限定クリックイレーザー。限定品につき黒色消しゴムの補充用はない。

オレンズネロの0・5㎜、通称「ゼロゴ」。値段は3300円です。ぺんてるの技術力の集大成。自分は0・2㎜、0・3㎜も持っています。替芯（220円）と消しゴム（660円）が限定で登場していました。アイン替芯シュタインで詰め替えケースが付属。単品の替芯と同じ値段なのでケース分は実質無料ですね。**かっこいい芯ケースが無料で付いてくる**のはうれしいです。消しゴムは**真っ黒なピンポイント消しゴムで、個人的に激アツ**でした。

2020年10月に新たな芯径として誕生したオレンズネロ0・5㎜。正式には「ゼロゴ」と言います。オレンズネロが高額なのは、**自動芯出し機構というすごい機能が搭載されているから**です。書くごとに芯が少しずつ繰り出されていき、一度のノックで芯がなくなるまで書き続けられます。**直線的な十二角形の軸**、ごつごつしたグリップが美しいですね。芯の太さで変わるのはロゴカラーだけで、それ以外のデザインはほぼ変わっていません。

中は樹脂の芯タンクとなっていました。軸は重心バランスを最適化させるために上下で違う素材が使われています。軸にはABS樹脂、グリップには鉄粉と樹脂を混ぜて重くした特殊素材が使われています。だからクリップが付いていても、重心は若干グリップ側です。質量は芯が細いほど重くなっています。細軸なのに約17gで、少しずっしりとした重さです。グリップの太さや全長は一般的。**先端から約65㎜の位置に重心がある**ので低重心です。

書き心地は引っかかりが少ないです。0・2㎜と0・3㎜は引っかかりが気になっていたんですよね。**0・5㎜は引っかかりがストレスにならないレベル**で、自分の中で許容範囲だと思いました。引っかからないようにパイプの先端が丸く研磨されていますが、0・5㎜の開発にはこの部分に力を入れたそうです。期待通りの書き心地でした。0・2㎜だと先端のパイプがグラついていたんですが、0・5㎜はグラつきが少なくなった気がします。

オレンズネロの弱点であった、引っかかりとグラつきの両方が改善されたのが0・5㎜なんじゃないかと思います。さすがに寝かせて書いた場合は引っかかりを強く感じたので、普段立てて書く方向けです。

オレンズネロは一般的なシャーペンよりも強い筆圧をかける必要があります。内蔵芯はHBなんですが、使っていて疲れやすいと気になった方は、濃い芯を検討してみるのもひとつの選択肢かなと思います。

もしオレンズシステムが搭載されていなかった場合、完璧な書き心地を100点としたら、オレンズネロは90点の書き心地かなと思います。失われた10点分はオレンズシステムによる、ノックする必要がない便利さでカバーできるでしょう。かなり完成度が高いシャーペンかなと思います。

寝かせず立てて書く分には、0.2㎜と0.3㎜で感じた引っかかりは0.5㎜では感じられない。

研磨されたパイプの先端。

十二角形の軸。美しさと持ちやすさを両立している。

低重心なので書きやすい。

03 くせになるソフトな書き味 中高生にもおすすめ

ヘデラスタンダード製図用シャープペン／TSUTAYA

デザイン性の高い本体。マットブラックのボディはクールで、異質な存在感が感じられる。

ローレット加工で回しやすい。

口金は真鍮に焼付塗装がされているが、内側の塗装に雑なところが見受けられる。

グリップの内側の軸が樹脂なので剛性は低いが軽くて書きやすくなっている。

やわらかく使いやすいクリップ。

TSUTAYAのオリジナルブランドである、ヘデラのスタンダード製図用シャーペンを紹介します。デザイン性の高さから注目されているブランドで、その中でもシャーペンはファンの間で人気があります。他社製品に似た点が見受けられ、いいとこどりをしたような、理想的とまで言えるシャーペンです。

ガイドパイプと文字以外はすべて艶消しのブラックを採用。ロゴもシンプルでモダンなセンスを感じるデザインです。**硬度表示窓を回すところは金属のローレット加工**[※1]となっていて、回しやすく引き締まった印象を受けました。**クリップはやわらかい**ので厚い紙でもはさみやすいと思います。

グリップと後軸の表面はラバー素材。マットな質感を出せるうえ、グリップ性能も優れているのでメリットが大きいです。一方で黒はほこりが付きやすいですし、白やピンクなどほかの色でも汚れが目立ちやすいので、ちょっと厄介な素材ですね。劣化しやすい面でも少し心配な素材です。

ノックの感触はちょっと硬めな印象。持ってみるとかなり軽く、重量は約11gです。格子状のラバーグリップもがっしりと

やわらかく厚い紙でもはさみやすいクリップだが、先端の尖った部分が手に当たるのが残念。

塗装の質感と硬度表示窓のデザインはロットリング600、素材の組み合わせや書き味はステッドラー925 15に似ている。

ロットリング600

ステッドラー925 15

軽くソフトで癖になる書き味。入れた力が素早く伝わり書きやすい。

可動範囲は狭いながらも、芯にクッション機能が搭載されている。

握れ、全体がラバー素材なので手全体で滑り止め効果を発揮してくれます。**口金は真鍮（しんちゅう）に塗装**がされていますが、内側の塗装が少し雑なところがあります。焼付塗装の質感はロットリング600（P44）に似ていて、岩石のような重厚感すら感じます。

グリップの内側には樹脂の軸が入っています。ペンの中心までしか通ってなくて剛性はかなり低いですね。硬度表示窓の**デザインはロットリングからとっていて、素材の組み合わせはステッドラーの925 15からとっている感じ**。ふたつのいいとこどりをした感じだなと思いました。製図用シャーペンですけれども、クリーナーピンは付いていませんでした。

重量が軽く、**がっしりと握れるラバーグリップなのでかなり書きやすく**、入れた力が素早く伝わり、勝手に速く書いてしまうような気がします。それでいて安定感があるので字が汚くなりにくいですし、よくできたペンだなと思いました。ただ、自分の持ち方の場合は**とがったクリップが手に当たってしまうので残念**ですね。軸がラバーと樹脂でできていてしなりやすいので、軽くてソフトな書き心地。ちょっとくせになるようないい書き味ですね。最初気付かなかったんですけれども、**芯のクッション機能が搭載**されていてかなり可動範囲が狭いです。折れない機能というより、一般筆記にも対応できるように書き味をやわらかくして、軸にかかる負荷を低減させる効果があるのではないかと考えています。

強度に関しては不安なところはあるんですけれども、とにかく書きやすいですね。値段は1100円で、ちょっと高めな設定かなと思いました。デザインはかっこよくて書きやすいので、個人的には文字をたくさん書く中高生の方におすすめできるかなと思います。

※1　ローレット加工：金属に施す細かい凹凸状の加工のこと。滑り止めの効果が期待できる。

04 デザインが面白い 隠れた個性を感じるシャーペン

イコン(0・7㎜)／ラミー

ステンレスの艶と艶なしのコントラストが美しい。

個性的なクリップの形状。椅子みたいな形は、家具デザインの会社がデザインしたことで妙に納得できる。

一見シンプルなデザインながら、クリップの形状やグリップの隙間など随所に個性が見受けられる。

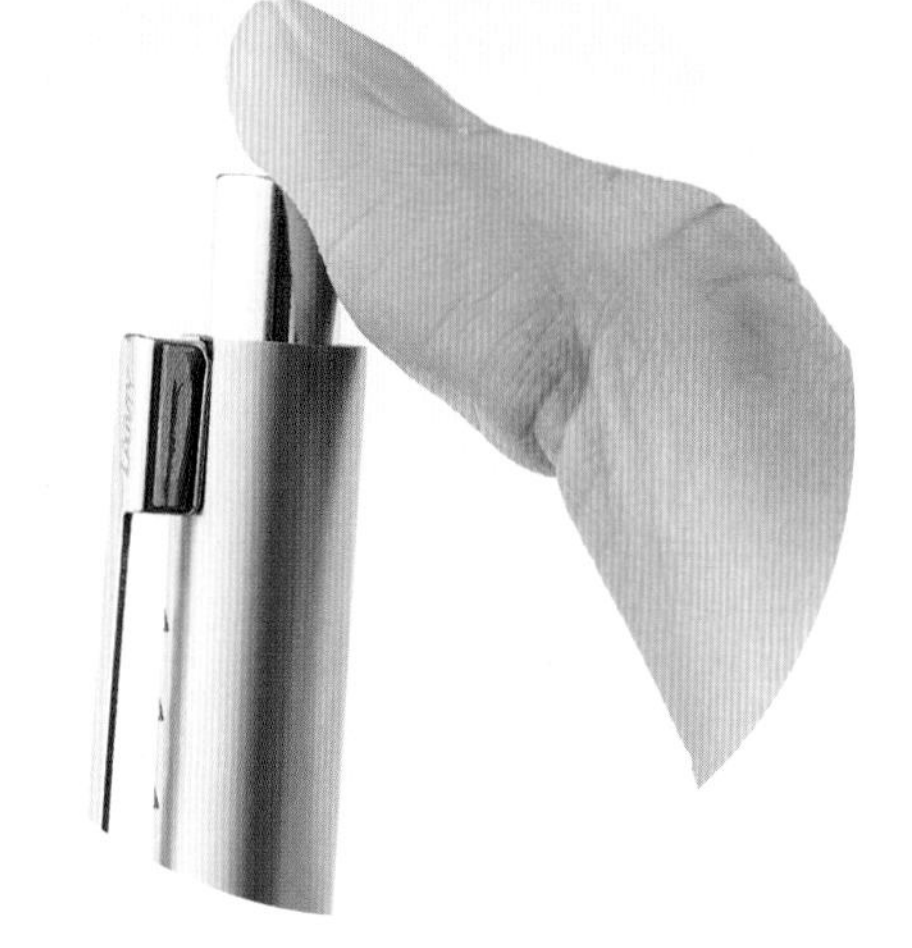

ちょっと硬めでありながら、シャキシャキ感はない独特なノック感。

生産終了となってしまったラミーのイコンの0・7㎜のペンシルを紹介します。ラミーはドイツの筆記具メーカーで、デザイン性の高さから多くの人に愛されています。ヨーロッパならではのシンプルでありながら個性的なデザインが魅力的です。こちらのイコンというペンは手に取るまではただのシンプルなデザインだと思ったんですけれども、ラミーらしく個性を感じる部分が数多くあるので、細部まで見ていきましょう。

ステンレスでできていて、**艶消しと艶ありの対比が美しい**ペンです。**デザインで1番いいと思ったのがクリップの形状**ですね。1枚の板を曲げて作っているそうですが、椅子みたいな形です。シンプルかつ個性的なデザインが、個人的にすごく好きです。クリップは結構やわらかくなっています。**ノックの感触はちょっと独特**ですね。硬めなんですけれどもシャキシャキ感はなくて、うまく説明できないんですけれどもイコンらしいノック感となっています。スライドパイプは製図用シャーペン顔負けの3㎜です。製図にも使えるし、一般筆記にも使えるオールマイティなペンですね。グリップには3本のスリットが設け

▶

られています。握ったときのすべり止め効果に少しだけ貢献している気がします。太めなキャップの天冠部分には0・7㎜を表す7の数字が書かれています。消しゴムにはクリーナーピンが付いていました。

口金を開けるとぎっしりと金属が詰まっていて驚きました。ゴムパッキンがいろいろなところに付いていて、書いているときに勝手にねじが緩まないようになっています。**チャック**[※1]**は結構大きめな金属チャック**です。口金につながったシルバーのパーツって普通のペンには入っていないんですけれども、ペンを低重心にさせて書きやすくするために入れたんじゃないかなと考えています。**グリップの窓から見えるシルバーの正体はおもり**だったんですね。グリップに隙間があるのは見た目だけじゃなくて、**低重心にするための工夫**でもあり、機能美まで持ち合わせた素晴らしいシャーペンとなっています。イコンは0・7㎜のシャーペンとボールペンの2種類の展開です。

イコンはイオスというオーストリアのデザイン会社がデザインしています。イオスは家具のデザインをおもに手掛けていて、クリップの椅子のようなデザインを考えると妙に納得がいくんですよね。グリップ内部のおもりによって重心が低くなっていて、約24gという重量とは思えないほど書きやすくなっています。ペン先の視界もいい感じですね。スライドパイプもそこまでガタつきが気になりません。総合的に考えるとかなりバランスの取れたシャーペンかなと思いました。値段が3850円となっています。ラミーにしてはお手頃な部類です。

なぜ廃番になってしまったのかと思うほどいいペンなので、気になる方はぜひとも買っていただきたいなと思います。ラミーのペンを初めて買う方にもおすすめできますね。

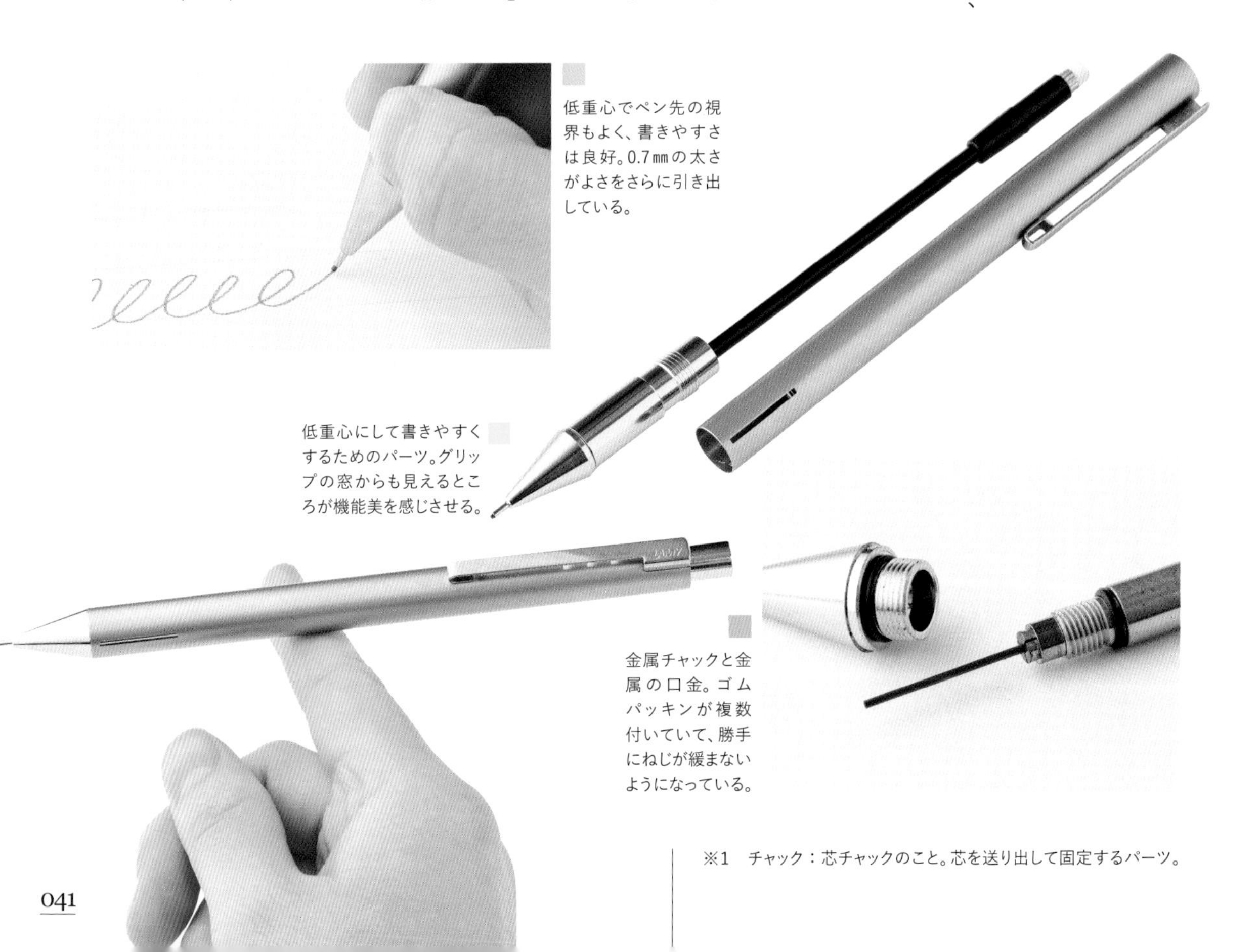

低重心でペン先の視界もよく、書きやすさは良好。0.7㎜の太さがよさをさらに引き出している。

低重心にして書きやすくするためのパーツ。グリップの窓からも見えるところが機能美を感じさせる。

金属チャックと金属の口金。ゴムパッキンが複数付いていて、勝手にねじが緩まないようになっている。

※1　チャック：芯チャックのこと。芯を送り出して固定するパーツ。

とにかく書きやすくて愛着の湧くおすすめすぎる1本

S20（製図用シャーペン）／パイロット

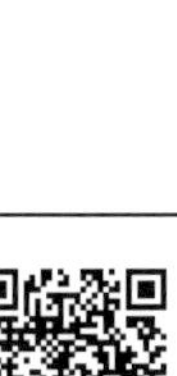

流線型のフォルムがかっこよく、くぼんだところにちょうど指がフィットする。木は強化材が使われている。

シルバーの艶消しの金具と木目の組み合わせが落ち着いた雰囲気。真ん中のリングで木目がずれているのが残念。

パイロットのSシリーズ。上位モデルになるにつれ、素材や作りが高品質になっていくのが分かる。

パイロットのS20という製図用シャーペンの解説をしていこうと思います。文房具好きの中では定番中の定番とも言えるもので、自分もかなりおすすめしているシャーペン。木軸シャーペンをほしいと考えている方の1本目としてもおすすめしたいです。

S20は、**艶消しの金具と木の組み合わせが落ち着いた雰囲気**で、流線型のフォルムがかっこいいシャーペンです。パイロットには**Sシリーズというのがあり、数字×100をすると値段になります**。S3は全部樹脂製で、S5はラバーグリップ。S10は金属のローレットグリップでだいぶかっこよくなりますね。最高峰S20はグリップから軸まで贅沢に木が使われています。**木は樹脂含浸カバ材という特殊な木材**です。樹脂を高温高圧で圧縮させて染み込ませパワーアップした木材だと思ってください。自分は使い始めてから5年が経過しました。最初は木の色がもっと明るかったんですけど、艶が出て深い色になりロゴがはがれ、〝使い込んだ感〟が出ましたね。使うと劣化するラバーグリップとは逆で、経年変化してどんどん愛着の湧くシャーペンです。芯の太さは0・3㎜と0・5㎜の2種類。自分はダークブラウンとディープレッドの2色を持っています。0・3㎜、0・5㎜ともに、これ以外にマホガニー、ブラック、ブラウンの計5色展開です。

項目別に5つ星評価をしていきます。①書きやすさは星5つです。**重心バランスと重量が最適で文句なしの書きやすさ**です。内側の真鍮のパーツに重量が集中し、**重心は先端から約6・5cmで低重心**。18gでちょうどいい重量です。長時間書くのにも向いていて取り回しに優れたシャーペンです。②持ちやすさも星5つです。流線型のボディのくぼんだところにちょうど指がフィット。当初は木が乾燥して滑りやすかったんですけれども、使ううちに手に馴染み滑り止め効果を発揮します。③書き味も星5つです。グリップ内側の金属により非常に剛性が高く、しっかりした書き味を楽しめます。振動でカタカタ音が鳴ることもなく安定した筆記です。④ペン先の視界も星5つですね。**4㎜のガイドパイプが設けられているのでクリアな視界**です。⑤デザインと質感は星4つですね。デザインはすごく好きなんですけど、キャップの質感がもう少し高いとよかったと思います。あと、真ん中のリングで木目がずれているんですよね。自然なつなぎ目にしてほしかったなと思います。⑥コスパは星3つです。手作りの工房製と比べると、大手メーカーじゃないとできない価格設定だと感じます。⑦品質・耐久性は星2つです。先端のガイドパイプが折れやすいという報告を非常に多くいただきます。実際自分のも折れてしまいました。S20の1番大きな弱点かなと思います。最後に⑧総合評価は星5つです。それだけバランスがよくて書きやすく、使っていくのが楽しいシャーペンなので気になった方はチェックしてみてください。

4㎜のガイドパイプが設けられ視界がクリア。ただ、折れやすいのが難点。

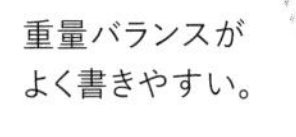

重量バランスがよく書きやすい。

グリップの内側が金属でできており、重心が低くなっている。書きやすさの重要な要素。

06 最高の書き味を楽しむならこれ 製図用としても優秀

ロットリング600　冬のギフトセット／ロットリング

ロットリング600の日本限定・冬のギフトセットを紹介します。パッケージがかっこいいので、お店でひとめぼれをしてしまいました。80枚入りのオリジナルセクションメモパッドが付いた特別なセット。3300円です。ロットリング600、**全カラー制覇してしまいました**。今回のセットは、0.5㎜のペンシルでブラック、アイアンブルー、マダーレッドの3色です。

ロットリングには数字シリーズがあり、300、500、600、800の4種類。お手頃な300は550円でグリップと軸が樹脂製です。500は樹脂製の軸に金属製のグリップで1320円。**今回紹介する600は、グリップと軸が真鍮（しんちゅう）製**です。最も高い800は、真鍮のボディに加えて先端が収納可能です。自分の持っている880円の**800+は、先端にスタイラスペンが付いているモデル**※1。

自分は600が1番好きでカラー展開も豊富です。300と500はブラックのみ。600は今回の3色とブラック、シルバーの計5色、800はブラックとシルバーの2色です。

キャップには、子どもが誤飲

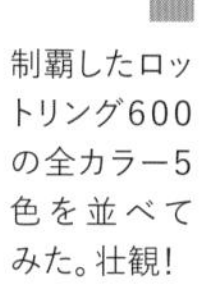

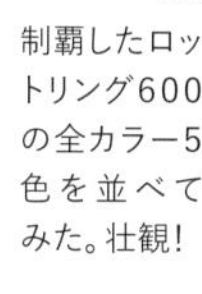

制覇したロットリング600の全カラー5色を並べてみた。壮観！

グリップと軸が真鍮製でずっしりとした本体。重厚感が男心をくすぐる。

先端にスタイラスペンが付いた800+モデル。感度があまりよくないので、1000円安いスタイラスペンなしのモデルの方がおすすめ。

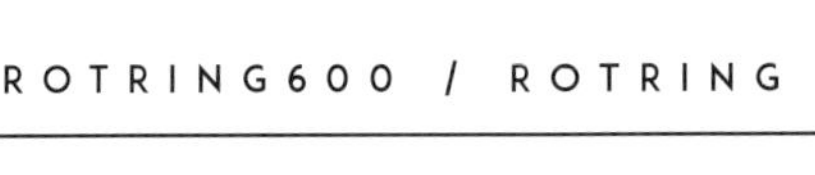

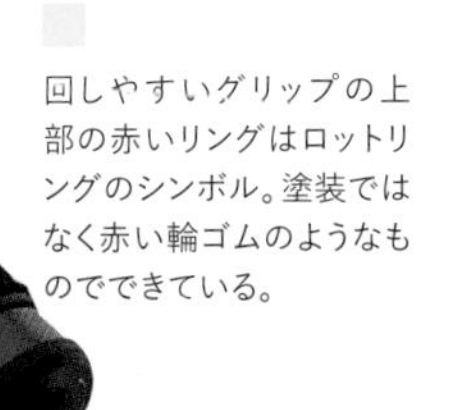

回しやすいグリップの上部の赤いリングはロットリングのシンボル。塗装ではなく赤い輪ゴムのようなものでできている。

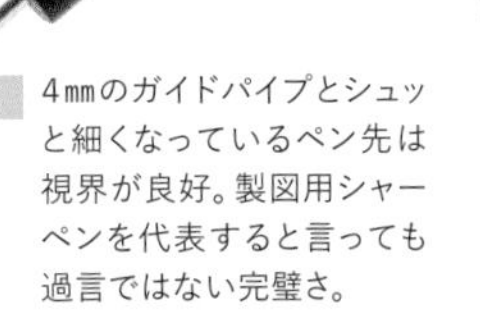

4㎜のガイドパイプとシュッと細くなっているペン先は視界が良好。製図用シャーペンを代表すると言っても過言ではない完璧さ。

チャックが大きめでズレないようになっている。

キャップには子どもが誤って飲み込んでも息ができるように穴が開いている。消しゴムにはクリーナーピンは付いていない。

芯タンクも金属製。安定感がまったく違う。

しても息ができるように穴が開いています。消しゴムにはクリーナーピンは付いていませんでした。赤いリングがロットリングのシンボル。**ローレット加工**[※2]**が施された硬度表示窓はグリップ力があり回しやすい**です。クリップにはロゴが刻印されていて若干硬め。軸は六角形で、グリップには等間隔のローレット加工が施されています。グリップ力は優れていますが、長時間使うと指が痛くなりそうです。細くなった先端はペン先の視界をよくするため。全長は142㎜、直径8㎜で細身です。重心は先端から69㎜で低重心というわけではありません。フルメタルボディで質量は22・2gありずっしりとしています。**芯タンクは金属製**。コストの関係で金属製の芯タンクって少ないんですが、半端ない安定感が書き味のよさにも貢献。**大きめなチャック**[※3]**がしっかり芯をホールド**しています。

5つ星評価をしていきます。

①書きやすさは星3つです。フルメタルボディは重いので、素早く書きたい方は500や、ヘデラのスタンダード製図用シャーペン（P38）をおすすめします。②持ちやすさは星2つです。グリップの面積が小さくて自分の持ち方には向きません。③書き味は星5つです。安定感のあるボディでしっかりした書き心地を楽しめます。④ペン先の視界は星5つです。**4㎜のガイドパイプと細いペン先で視界がいい**です。⑤デザイン・質感も星5つです。赤いリングがチャームポイント。真鍮ボディの重厚感が男心をくすぐりますね。⑥コスパは星3つです。価格は高めですが、こだわった作りなのでお手頃だと思います。⑦品質・耐久性は星4つです。パーツごとの質感が共通していてこだわりを感じます。⑧総合評価は星5つです。自分は書くことの楽しさにフォーカスを当てているので、使うのを楽しみたい方にはおすすめしたい1本です。

※1　スタイラスペン：スマートフォンやタブレットなどを操作できるペン。細かい操作が可能になる。
※2　ローレット加工：金属に施す細かい凹凸状の加工のこと。滑り止めの効果が期待できる。
※3　チャック：芯チャックのこと。芯を送り出して固定するパーツ。

07 コンパクトで触り心地もいい真鍮（しんちゅう）素材の芯ケース

写真中央よりやや右。小さいながらも高級感のある化粧箱。

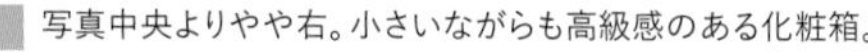

少しくすんだ感じで光を反射する真鍮が、いい味を出している。

シャープ芯ケース／ワイスタジオ

ワイスタジオの真鍮芯ケースを紹介します。**小さいながらも高級感のある箱に入っていました**。こちらは真鍮でできた芯ケースということでずっしりとしていて、**光の反射が少しくすんだ感じ**でいい味が出ています。**キャップはネジ式**となっていまして、中は結構狭いんですけれども、シャープ芯を入れるには十分なスペースがあります。

これまで自分はファーバーカステルの**スーパーポリマーという芯ケース**を使っていました。これもおしゃれでよかったんですけれども、もう少しコンパクトなものがほしかったので新しく購入しました。文房具にハマりだす前まではまさか芯ケースに2420円も払うなんて思ってもいませんでしたね。とても重厚感があって触り心地もいいので、ついつい何もないときでも触ってしまいそうです。

ヘルツの革のロールペンケースと真鍮って、かなりマッチしてますね。**オートの真鍮芯ケースと比べるとかなりスリム**。オートとは違い、むき出しの真鍮となっていて重厚感があります。とても美しい台湾のワイスタジオというブランドの真鍮芯ケース、机の上のインテリアとしても新しいファミリーに加わりました。

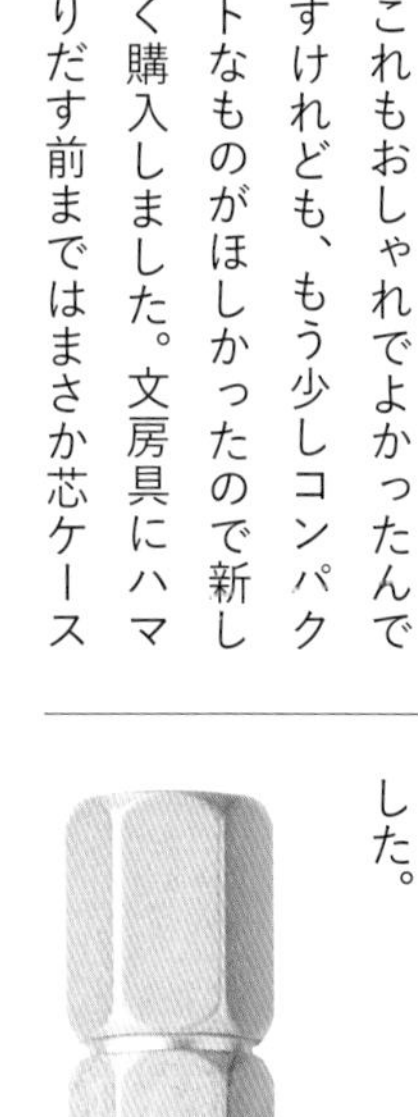

ネジ式のキャップを開
けると中は結構狭め。

キャップにはystudioのロゴが光る。

これまで愛用していたファーバーカステルのスーパーポリマーの芯ケース。真鍮ケースよりもやや大きめ。

オート（右）の真鍮芯ケースと比べるとかなりスリム。

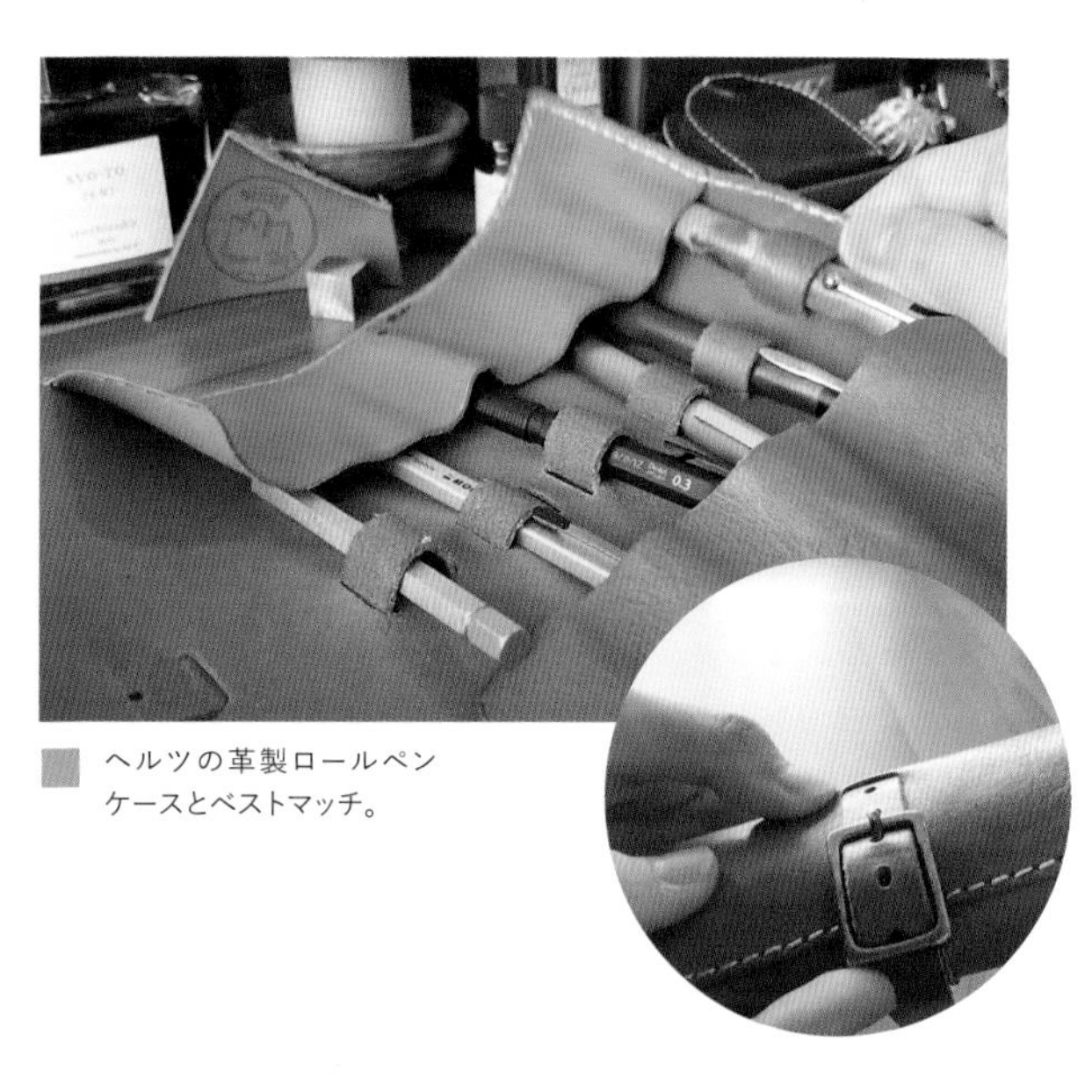

ヘルツの革製ロールペン
ケースとベストマッチ。

08 繊細で美しい新グリップは超密着で握りやすい

オレンズ　メタルグリップタイプ〈新グリップ〉／ぺんてる

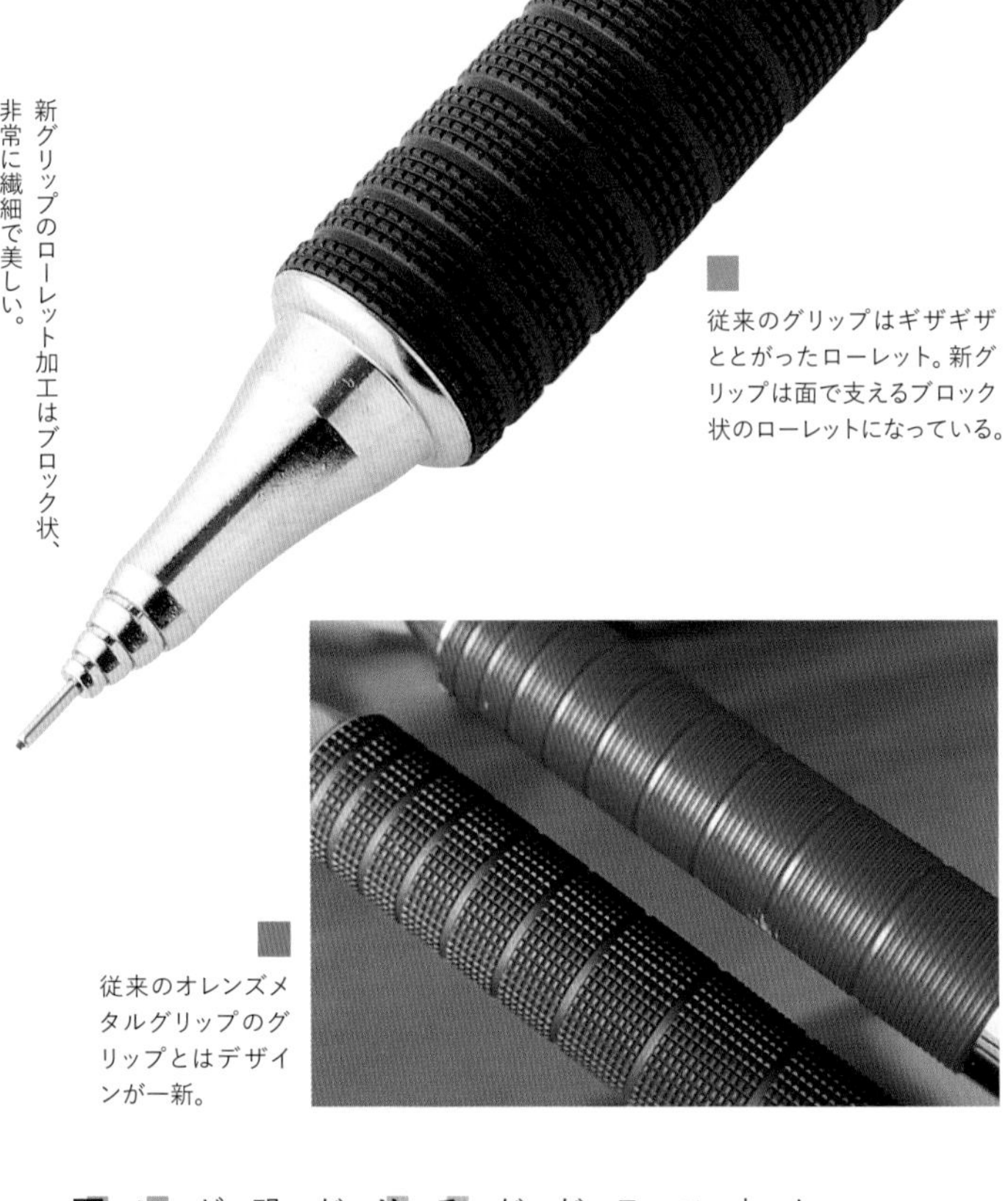

従来のグリップはギザギザととがったローレット。新グリップは面で支えるブロック状のローレットになっている。

新グリップのローレット加工はブロック状、非常に繊細で美しい。

従来のオレンズメタルグリップのグリップとはデザインが一新。

ぺんてるから新しく登場したオレンズのメタルグリップタイプ、新グリップを紹介します。値段は1100円です。上の軸までマットな質感となっていて、統一感が感じられるカラーリングなのは0・2㎜だけだけです。横方向に溝が入っただけの**従来のグリップと比較すると、リニューアルされた新グリップは繊細で美しい**です。ただ集合体恐怖症の方はちょっと恐怖を覚えるかもしれません。ギザギザとがった**普通のローレット加工**[※1]**とは異なり、カドが面でとがっていないブロック状のローレットを採用**。吸い付くような握り心地と、手が痛くなりにくいという効果があるそうです。

実際に書いてみたところ、超密着グリップのおかげでまったく滑りません。従来のメタルグリップタイプも滑らない方だとは思っていましたが、新グリップを試してしまったら従来のグリップに戻れなくなってしまうほどです。このような特殊なローレット加工が施されたものは初めて使うんですけれども、ほかのどのローレットグリップよりも滑りにくく感じました。点ではなく面で支えることによって触れる面積が増え、長時間握っていても指が痛くなる心配がありません。ガシガシ使ってい

お馴染みのオレンズのロゴとボディのマットな質感がいい感じ。艶消しベースは新グリップの0.2㎜のみ。

書き味がぶれることなくしっかりした書き味。きれいに書けるので字をたくさん書く学生にもおすすめ。

けるペンだなと思いました。指に感じる感触もソフトです。メタルグリップが使われていて書き味はぶれることがなく程よくしっかりとしています。書いていても楽しいですね。0・2㎜なので芯の減りが早く、コストが高いというのはあるんですけれども、これだけ完成度が高く、字がきれいに書けるなら使っていく価値があると思います。グリップを強く握ったときの滑り止め効果は本当に感動ものです。まったく滑りません。メタルグリップはかなり低重心になっていて、自分の持ち方の場合、最適な重心バランスとなっています。

芯径は0・2㎜、0・3㎜、0・5㎜の3種類です。0・2㎜は艶消しベースのブラック、ダークブルー、ターコイズブルーの3色、0・3㎜はブラック、レッド、ダークブルー、シャンパンゴールドの4色、0・5㎜はブラック、レッド、ダークブルー、スカイブルーの4色。新グリップのモデルは従来とラインアップが似ていますが、**0・2㎜のみ艶消しがベースになっている**ので、マットな質感を楽しみたい方におすすめです。使っていかないとはっきりとは言えませんが、ちょっと塗装がはがれやすいかなといった感じがしました。

学生の方にとって1000円はちょっと高めではあると思いますが、金額以上のパフォーマンスを発揮してくれると思うので、強くおすすめしていきたいなと思います。「よくないペンはよくない」と、厳しめな視点も含めてはっきりと紹介するように心掛けているんですけれども、これほどべた褒めしたのは久しぶりです。

※1　ローレット加工：金属に施す細かい凹凸状の加工のこと。滑り止めの効果が期待できる

09 赤と黒の芸術的な木目 太さに慣れると使いやすい

シャープペンシルⅡ　花梨瘤／クラフトエー

クラフトエーの製図用シャープペンシルⅡの花梨瘤を購入したので、紹介していこうと思います。こちらは値段が8800円となっていて、高いお買い物でした。個人的にすごく楽しみにしていたので、後悔はしていません。

まずなんといっても**独特な木目。それから非常に太い流線型のボディが特長です。**一般的な花梨瘤は全体的に赤みがかっているんですが、こちらは赤色と黒色の半分に分かれておりまして、光と影の両方の側面を持っているような感じがなんだか芸術的なんですよね。そこにとてつもない魅力を感じたので購入しました。**黒色の部分は美しいというより不気味**ですね。穴が開いている部分があるんですけれども、その周辺の光沢が樹液みたいですごく「木」を感じます。使い続けてどんな表情を見せてくれるのか楽しみです。

クラフトエーのペンはオイルが塗布されていますが、だいぶ艶が抑えられていますね。

1番太い軸の直径が約14㎜もあるのでだいぶ太いです。**軸の内側には金属が通っていない**ので、思ったよりも軽いなという印象を受けました。2段階のネ

赤と黒の半分に分かれているのが、光と影の両方の側面を持っているようで芸術的。黒色の部分は美しいというより不気味にも感じられる。

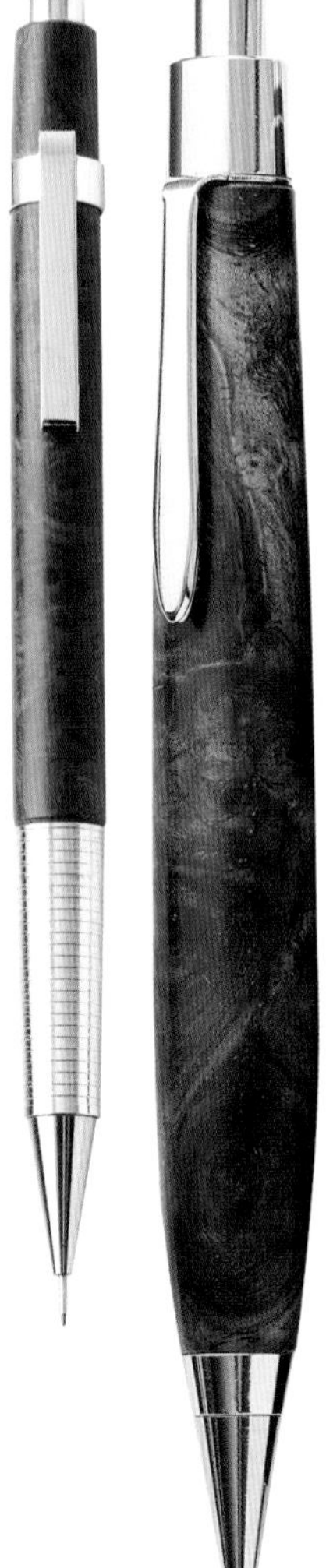
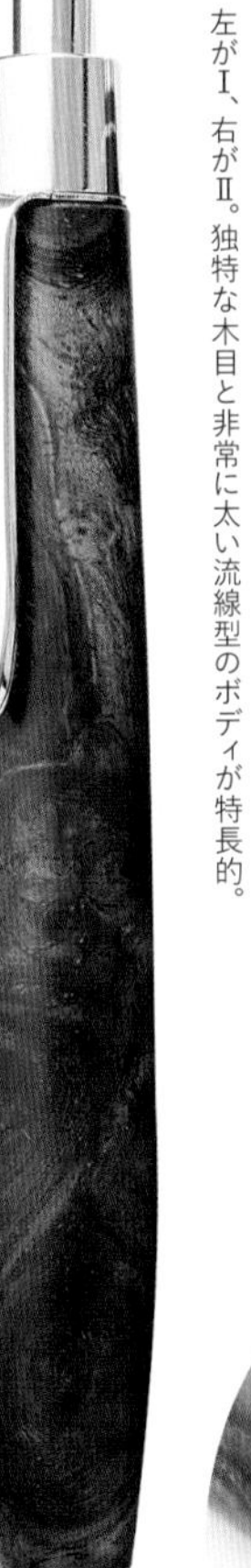

左がⅠ、右がⅡ。独特な木目と非常に太い流線型のボディが特長的。

穴が開いている部分があり、周辺の光沢が樹液のよう。とても「木」を感じる。

2段階のネジになっているので木にかかる負担は低減されているが、木に近いほうのネジは直接木とかみ合っているのであまり回さない方がよい。

ネジを回すことによって、クリップの着脱が可能。このネジも木と直接合わさっているので、あまり付けたり外したりしない方がよい。

正直かなり太い。ラミーのスクラブルと比べてみると、最大の直径はほとんど同じぐらいだが、指で握るところはクラフトエーの方がかなり太い。

ジになっているので、ある程度木にかかる負担は低減されていると思いますが、木に近いほうのネジは直接木とかみ合っているので、あまり回さない方がいいかもしれません。

口金と内部のパーツは330円のぺんてるのシュタインと同じものを使っているので、交換が必要になった場合も安心ですね。**ネジを回すことでクリップの着脱が可能になっています。**シャープペンシルⅡは短めなので、書いているときにクリップが指に当たりやすくなっています。その欠点を解消できるのはありがたいですが、こちらのネジも木と直接合わさっているので、あまり付けたり外したりしない方がよさそうです。

書いてみて最初に思ったのが、軸が太いっていうことですね。慣れていないうちは、結構違和感がありました。強度は少し失われてしまっているんですが、かなり軽くなっているので、太さに慣れれば書きやすくなっていくんじゃないかなと思います。太軸のペンが苦手な方や、手が小さい方にはあまりおすすめできないかなと思いました。野原工芸のスリムタイプと比べてみても、持ち手の部分がだいぶ膨らんでいますよね。廃番になってしまったラミーのスクリブル（P64）と比べてみると、**最大の直径は同じぐらいですが、指で握るところの太さが全然違います。**正直もう3㎜ぐらい細くした方がよかったんじゃないかなと思いますが、これだけ太いおかげで木の味や木目、木の質感を存分に楽しむことができるので、あえてこれだけ太くしたんじゃないかなと推測しています。

クラフトエーのⅠシリーズと比べると、グリップの部分まで木になっているので滑り止め効果がありそうですね。軽くてガシガシと書けて、それでいて芸術的な美しさがあるので、自分好みな樹種を選べたなと思いました。

10 常識にとらわれない見える部分すべてが木のシャーペン

カラムシャープペンシル／くらふと鈴来

家具の名産地である北海道の旭川市が生んだ、ほぼすべてのパーツが木でできたシャーペンを紹介します。この「くらふと鈴来」というメーカーが作っているシャーペン。0・01㎜単位で加工できる機械を独自開発されているので、クオリティの高いアイテムが製作できるのだそうです。

まず見ていただきたいのが、**見えるところすべてが木で統一されたデザイン**の徹底ぶりですね。ブラウンの軸の部分はウォールナットという木が使われていて、口金とクリップ、それからノックするレバーの黒いところは黒檀という木が使われています。**ペン上部の細い木の棒を引き抜くと、ノックするパーツが外れてシャープ芯の補充が可能となります**。補充をスムーズに行えるように、天井部分には窪みが設けられています。

ノックするパーツは中に金属の球が入っています。細い木の中心部分には窪みが設けられていて、差し込むとカチッとハマってくれるので、各パーツが勝手に取れてしまう心配はありません。こんなギミックをよく思いついたなと思いますし、シャーペンの常識にとらわれないデザインが非常に評価できると思

ほぼすべてのパーツが木で作られている。特殊なギミックとシャーペンの常識にとらわれないデザインが非常に評価できる。

オイルが塗られているだけで、カラーリングなどの塗装は一切施されていない。木のぬくもりを十分に味わうことが可能。口金は自分で開けることができない仕様。芯詰まりは心配だ。

細い木の中心部分にある窪みにパーツを差し込むとカチッとハマるので、勝手に取れてしまう心配はない。

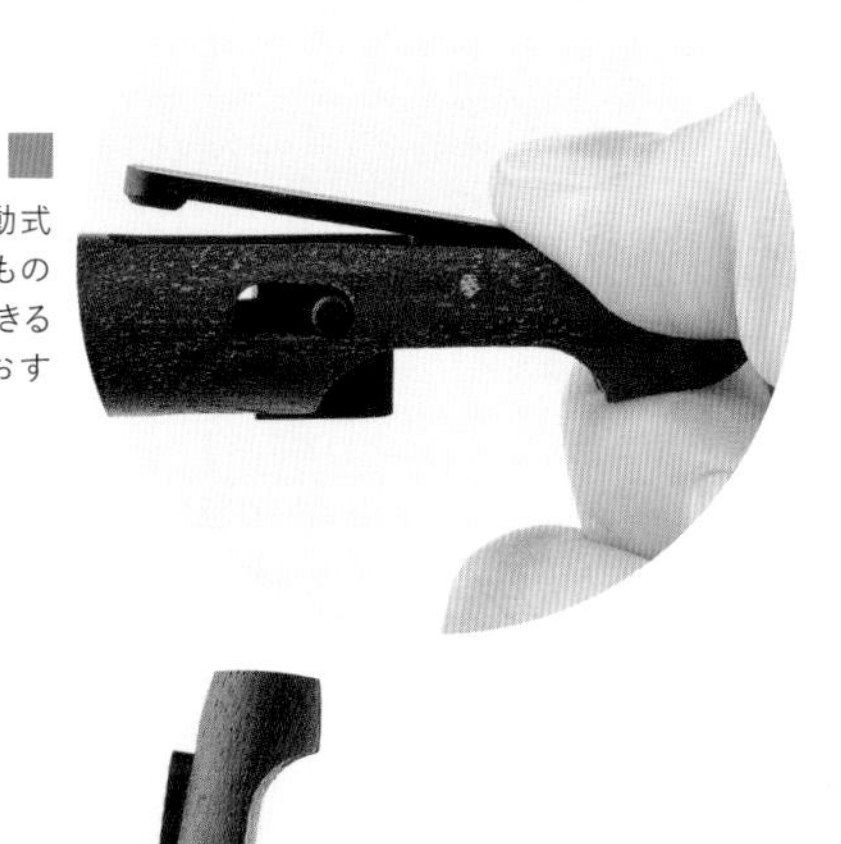

黒檀で作られた可動式のクリップ。分厚いものまではさむことができるのは、地味ながらおすすめのポイント。

ペン上部の細い木の棒を引き抜くと、ノックする木材が外れてシャープ芯の補充が可能。天井部分には芯のための窪みが設けられている。

ダブルノック式となっている。先端のパイプを出すのを含めて、3回ノックすると芯の長さがちょうどよくなる。

います。**クリップは可動式となっていて、かなり分厚いものまではさむことができます**。

ブラウンの木軸部分はウォールナットですが、ほかにもメープルや黒檀、パープルハートの計4種類の樹種がラインアップされています。樹種によって重さや書き味が違ってくるのも面白いですね。木にはオイルが塗られているだけで、カラーリングなどの塗装は一切施されていません。**木のぬくもりを十分に味わうことができます**。

ペン先はダブルノック式[※1]となっていますが、ガタつきはほとんどなく、精度が高く作られているなと感じました。重量は9g、シャーペンの中でも相当軽い部類に入っていると思います。太めな軸なので見た目以上に軽く感じます。

実際に書いてみると、軽さのおかげで取り回しがしやすく、長い時間書いていても疲れにくいので、実用性も十分。ほぼ木でできているということで、書き味は0・5㎜の細い芯径の鉛筆を使っている感じですね。

チャック[※2]には金属が使われているそうです。口金は自分で開けることができない仕様となっているので、中で芯が詰まってしまった場合などを考えると少々怖さがありますね。修理の対応はしてくださるそうですが、郵送するためのお金や時間のコストを考えると、大きな欠点かなと思います。ペン上部の木は少々とがっていて欠けやすくなっているので、落とさないように丁寧に使ってあげるようにしましょう。

値段は樹種によって異なっていて、ウォールナットとメープルは3300円、黒檀、パープルハートは3850円となっています。

※1　ダブルノック式：ノックすることにより、まず口金を出して固定し、さらに小さくノックすると芯が送り出される形式のもの
※2　チャック：シャーペンの芯をつかみ、ホールドするパーツ

11 製図にステータスを全振り 究極のメカメカしさ

レグ　925　85-03、05、07／ステッドラー

廃番になったステッドラーレグの、**すべての芯径をコンプリートしてしまいました。**普段はプレミア価格が付いてメーカー希望小売価格の3000円くらいで販売されているんですけれども、定価で販売していたのを見つけて、気付いたらポチっていました。これまでは0・7㎜を持っていたので、今回は0・5㎜と0・3㎜を導入しました。

こちらのシャーペンはかなりメカメカしくてかっこいい見た目になっていますが、中身もかなり魅力的。**芯量調節機能**と言いまして、ペン上部のダイヤル[※1]を回すことで中のチャックが移動して、1回のノックで出る芯の量を調節することができます。

レギュレーターという窓から見える黒いところが出る芯の量を表していて、黒いのが1番長いと1回のノックで約2㎜も押し出され、1番短くすると1回のノックで約0・2㎜くらいしか出ません。芯の長さを微調整しないと気が済まない方におすすめかなと思います。

1回のノックで書き始めることができるっていうのも、こちらのシャーペンの魅力となっています。芯径によって1回のノックで出る芯の長さが違ってくるのか気になっていたので、比

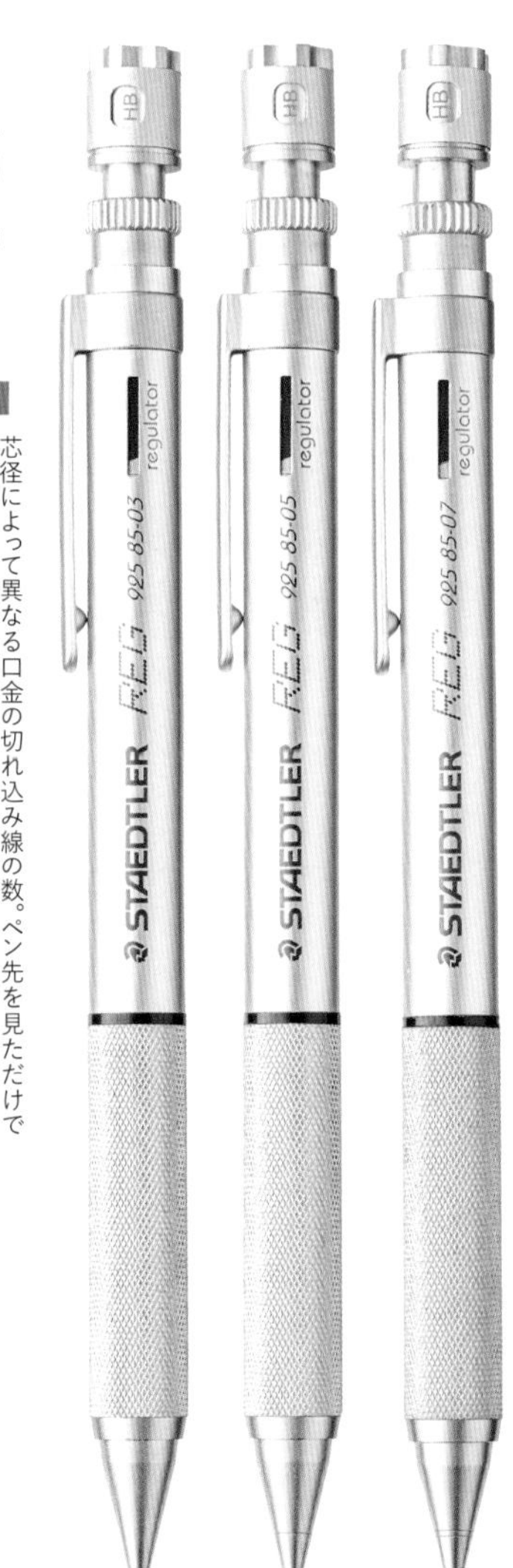

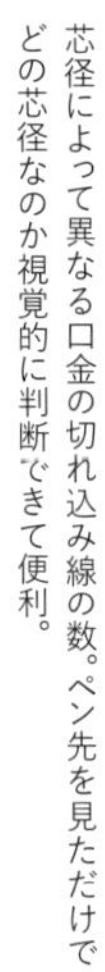
芯径によって異なる口金の切れ込み線の数。ペン先を見ただけでどの芯径なのか視覚的に判断できて便利。

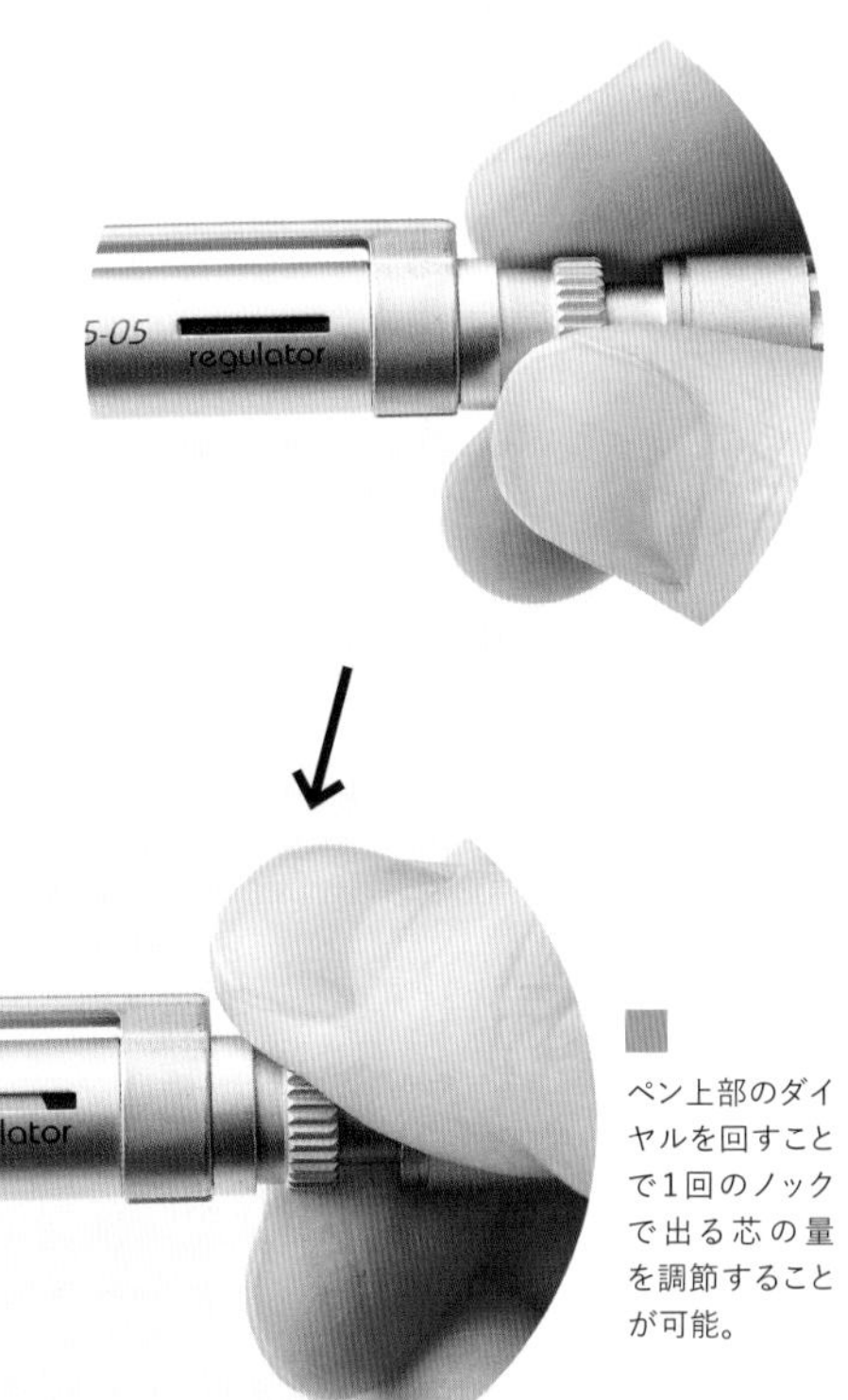

ペン上部のダイヤルを回すことで1回のノックで出る芯の量を調節することが可能。

天冠の歯車みたいな形のネジを回して硬度の表示を変更する。

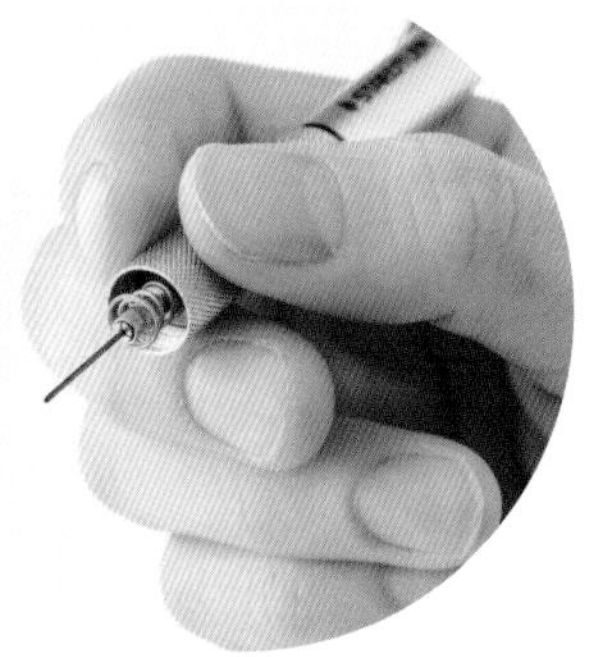

芯量調節機能は中のチャックが移動することで、1回のノックでの芯の量を調節している。

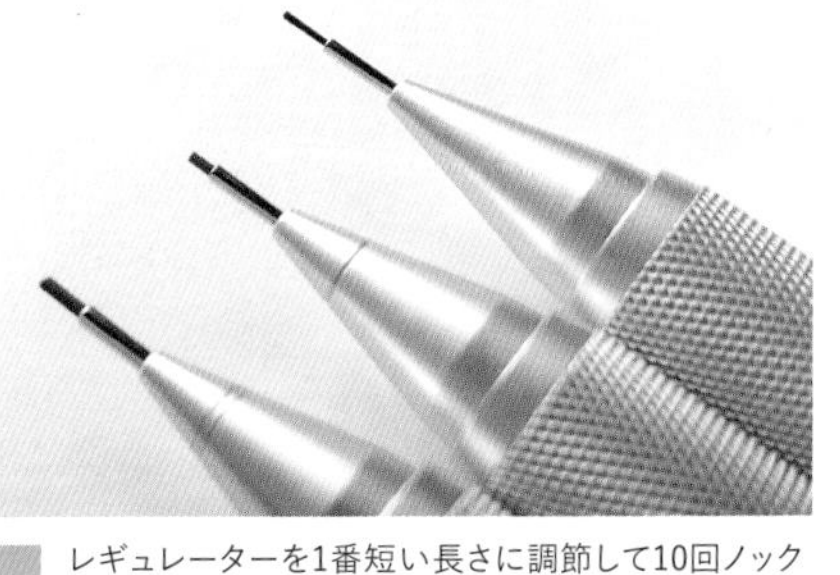

レギュレーターを1番短い長さに調節して10回ノックしてみると、0.3㎜（上）は結構長く、0.5㎜（真ん中）はかなり短いという結果に。

クリップの先端は角が丸くなっているので、書いているときに手に当たっても痛くなりにくい。グリップのところは使い込んだフィーリングで、角が丸まったローレット加工になっている。

重量が23gと少し重たいので、取り回しにはあまり向かない。重心はわずかに低め。一般筆記というより製図をするためだけに生まれたようなシャーペン。

レギュレーターを1番長く出るように調節して5回ノックしてみると、どの芯径も同じくらいの長さだった。

較してみました。**1番短い長さに調節して10回ノックしてみた**ところ、0・3㎜は結構長く出たんですが、0・5㎜はかなり短くなりました。個体差によるものなのか芯径によるものなのかはわかりませんが、わりと違ってきますね。**1番長く出るように調節して5回ノックしてみると**、どの芯径も同じくらいの長さでした。

製図用なので、どの芯径の消しゴムにもクリーナーピンが付いていました。**クリップの先端はカドが丸くなっている**ので、書いているときに手に当たっても痛くなりにくい設計です。グリップのところには使い込んだフィーリングということで、カドが丸まったローレット加工[※2]が施されていて、触っても痛くなりにくい配慮がされています。

天冠の歯車みたいな形のネジを回して硬度の表示を調節するんですけれども、ギザギザした形状なので回すと指がちょっと痛くなってしまいますね。

このシャーペンは二〇〇五年度にグッドデザイン賞を受賞していて、**芯量調節機能というギミックにマッチした歯車の形状**も評価されていました。

新型と旧型を比較してみると、キャップをはめたときの外観は変わりませんが、新型の方がキャップが抜けにくくなっていて、使い心地がよくなっていると感じます。

また、芯径によって口金の切れ込み線の数が違ってきます。製図をしている方は線の太さを使い分けることが多いので、ペン先を見ただけでどの芯径なのか視覚的に判断できるのはありがたいことなんじゃないかなと思います。

重心はわずかに低めとなっています。重量は23gと少し重たいので、**一般筆記というよりも製図をするためだけに生まれたようなシャーペン**かなと思います。廃番になってしまったのが惜しいです。

※1　チャック：シャーペンの芯をつかみ、ホールドするパーツ
※2　ローレット加工：金属に施す細かい凹凸状の加工のこと。滑り止めの効果が期待できる

12 違和感を覚えるほどの黒 金属軸のノックがくせになる

925 35-05　オールブラック／ステッドラー

ロゴも黒色でかなり読みにくい。徹底されたオールブラック。

互換性のある限定色のマイスターリミテッドエディションと着せ替えると、ツートンカラーがいいアクセントになる。

黒すぎるシャーペン。これで勉強していたらかっこいい。ペン先だけはシルバー。

ステッドラーの925 35-05オールブラックという真っ黒なシャーペンを購入したので、紹介します。**黒すぎて、ただものじゃないオーラを感じます。**こちらのペンはロゴも黒色となっていまして、かなり読みにくいんですけれども、それだけ徹底されたシャーペンとなっています。ブラックを意味する「B」のロゴは、筆記体で書かれていて特別感が出ていますね。

残念なことにペン先のガイドパイプだけはシルバーとなっているんですが、そこは目をつぶっておきましょう。持ってみると黒すぎてちょっと違和感を覚えるほどです。これで勉強していたらかっこいいですよね。モテると思います。925 35のナイトブルーと925 25のシルバーはキラキラとしたイメージが強かったので、同じ形状のペンですがオールブラックは別物のように見えますね。

自分は赤と黒のマイスターリミテッドエディションという限定色も持っています。オールブラックはありがたいことに限定色ではなく通常色となっています。**互換性があるということで、ちょっと着せ替えてみました。**ツートンカラーがいいアクセントになっているんじゃないかな

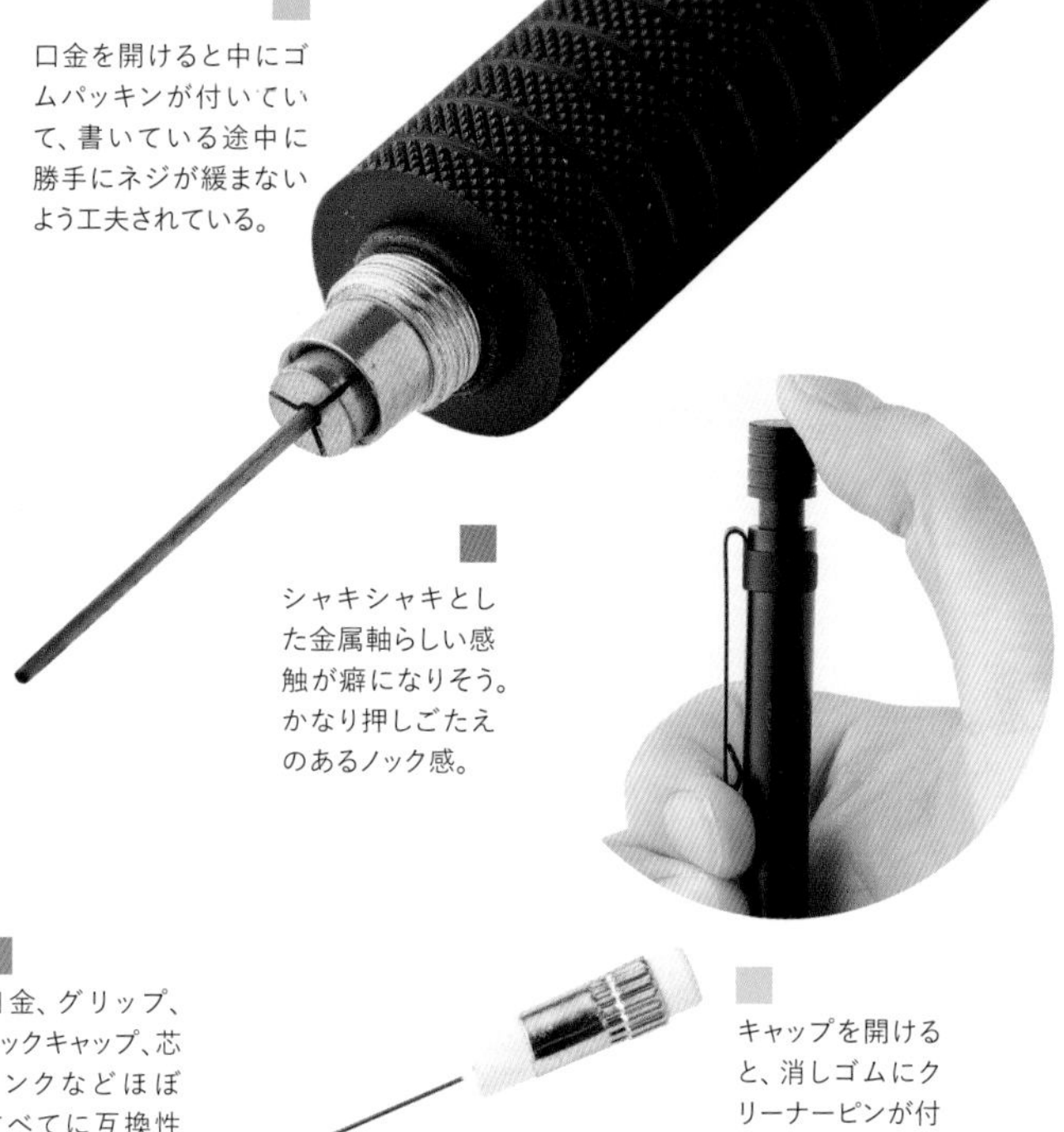

口金を開けると中にゴムパッキンが付いていて、書いている途中に勝手にネジが緩まないよう工夫されている。

ガイドパイプ以外すべて落ち着いた黒でできているため、書くことに集中することができる。

シャキシャキとした金属軸らしい感触が癖になりそう。かなり押しごたえのあるノック感。

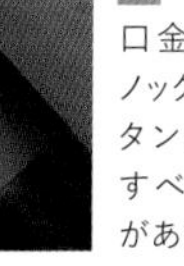

口金、グリップ、ノックキャップ、芯タンクなどほぼすべてに互換性がある。

キャップを開けると、消しゴムにクリーナーピンが付属している。

と思うんですけれども、個人的には着せ替えない方が統一感があっていいかなと思います。

軸を指で触ると指紋が付きやすいですね。個人的には、もっと強めな艶消しの塗装にしてほしかったなと思いました。でも、ほかのモデルと比べたら艶は抑えめといった感じです。軸にはアルミが使われていて、フルメタルボディのシャーペンとなっています。アルミなので17gと重すぎることもなく、適度な重量かなと思います。**口金を開けると中にはゴムパッキンが付いていて、**書いている途中に勝手にネジが緩まないような工夫がされていました。

キャップを開けていきますと、**クリーナーピンが消しゴムに付いています。**メーカーは違いますが、**プラチナ万年筆のプロユースのマットブラックは、ステッドラーの925 35と互換性があります。**

ガイドパイプ以外すべて**落ち着いた黒でできていて書くことに集中できる**ので、実用性のある色とも言えそうです。とても書きやすいですね。グリップはかなりきついローレット加工[※1]となっているので、長時間使うと痛くなってくることがありますが、グリップ力が優れていますし、アルミボディなので重すぎることもありません。そこまで低重心ではないんですけれども、無難に書きやすいシャーペンかなと思います。

ノック感はシャキシャキとした金属軸らしい感触で、かなり押しごたえがあります。ノックするのもくせになってしまうペンですね。値段は1650円となっています。芯径は0.3㎜、0.5㎜、2.0㎜の3種類が展開されていて、2.0㎜は先端のパイプまでマットブラックになった徹底ぶりです。とても書きやすくてかっこいいので、925 25や925 35をこれまで買ったことがない方はぜひ試してみてほしいなと思うシャーペンですね。

※1　ローレット加工：金属に施す細かい凹凸状の加工のこと。滑り止めの効果が期待できる

13 赤字になるかも？ 100円ショップが本気を出した1本

ラバーグリップシャープペン／ダイソー

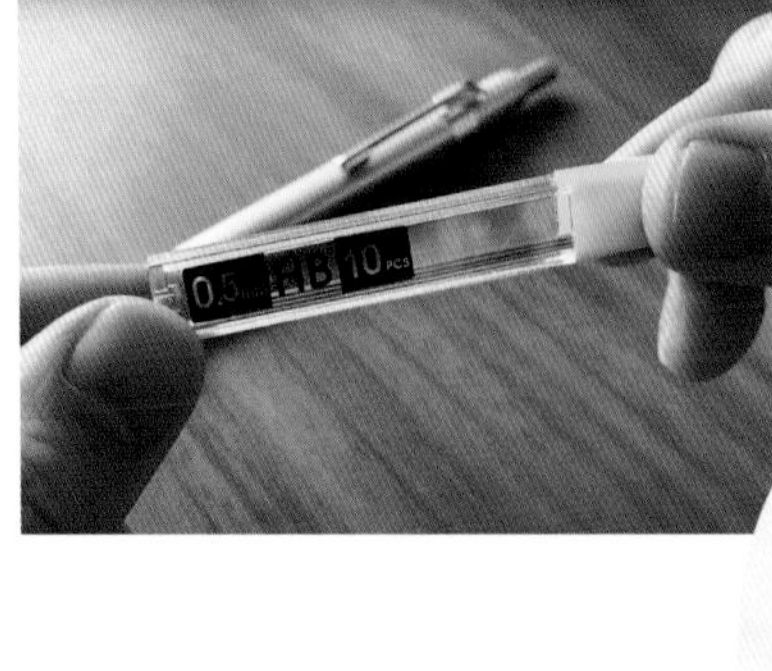

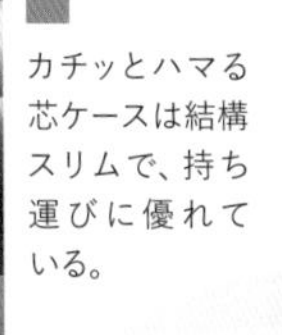

カチッとハマる芯ケースは結構スリムで、持ち運びに優れている。

グリップの先端のところにはわかりやすくバリが出っ張っている。

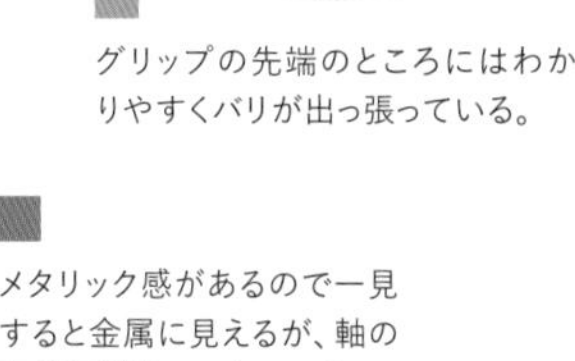

メタリック感があるので一見すると金属に見えるが、軸の素材は樹脂でできている。

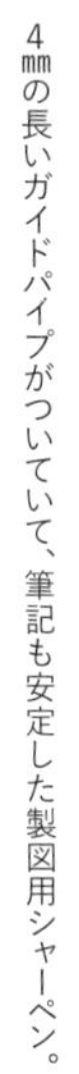

4㎜の長いガイドパイプがついていて、筆記も安定した製図用シャーペン。

今回は、ダイソーのラバーグリップシャープペンをレビューしていこうと思います。110円という非常にお手頃な価格で買えるんですけれども、かなりクオリティが高くて最初に使ったときは本当にびっくりしました。

こちらのシャーペンは10本入りのシャープ芯とセットになっています。書くときにキュッキュッと鳴るので自分は嫌いな部類に入る芯ですね。カチッとハマる**ケースは結構スリム**で、持ち運びに優れているかなと思います。0・5㎜、0・7㎜、0・9㎜の計3種類がラインアップされています。

製図用シャーペンなので、**4㎜の長いガイドパイプが付いていて、筆記も安定**しています。十二角形のグリップには横方向に溝が入っているので滑りにくく、握り心地も優れたシャーペンです。口金の根元から先端まで20㎜もあって結構長いので、ペン先が短いロットリングの数字シリーズなどのペンで慣れている方は注意していただきたいなと思います。

外見だけ見ると赤字になるんじゃないかと不安になるくらい、よくできているなと思うんですけれども、分解してみるとペンとしてのクオリティを保ちつつ、

▶

コストダウンするための工夫が随所に見られるので紹介していこうと思います。

メタリック感があるので、一見すると**金属に見える軸の素材ですが、樹脂が使われています。それからグリップの先端のところ、それから芯タンクにもわかりやすくバリ**[※1]**が出っ張っていますね**。こういう仕上げの部分がかなり雑になっていて、それが1番顕著に表れているのが芯タンクです。**笑っちゃったんですけれども、穴が開いていています**。芯タンクに穴が開いたシャーペンは初めて見ました。キャップは金属でできていて、消しゴムも金属で包まれています。

このラバーグリップシャープペンのすごいところは、シャーペンの最も重要な心臓部分であるチャック[※2]**のところだけには一切妥協していない**ところですよね。ぺんてるのグラフペンシルやシュタインと似たものが使われています。口金に互換性があり、交換することもできます。

8倍も値段がするグラフペンシルの方がクオリティが高いっていうのは言うまでもないんですけれども、これ以上のできは100円のペンに求めるものではないですよね。ただ、キャップと軸の隙間がかなり大きいので、ほんの少しですがグラつきを感じるのは残念かなと思いました。

重心のバランスはやや低めな部類に入ります。それに加えて、**かなり軽いペンなので、速く書くのに向いている**なと思いますね。

5つ星評価をしてまとめると、書きやすさは星4・5、持ちやすさは星4つ、書き味は星3つ、ペン先の視界は星5つ、デザインは星4つ、そしてコスパはいうまでもなく星5つです。最後に総合評価をすると、星4つとさせていただきました。本当に500円払っても不満が残らないような素晴らしいシャーペンで、優等生な部類に入る〝すぐれ物〟かと思います。

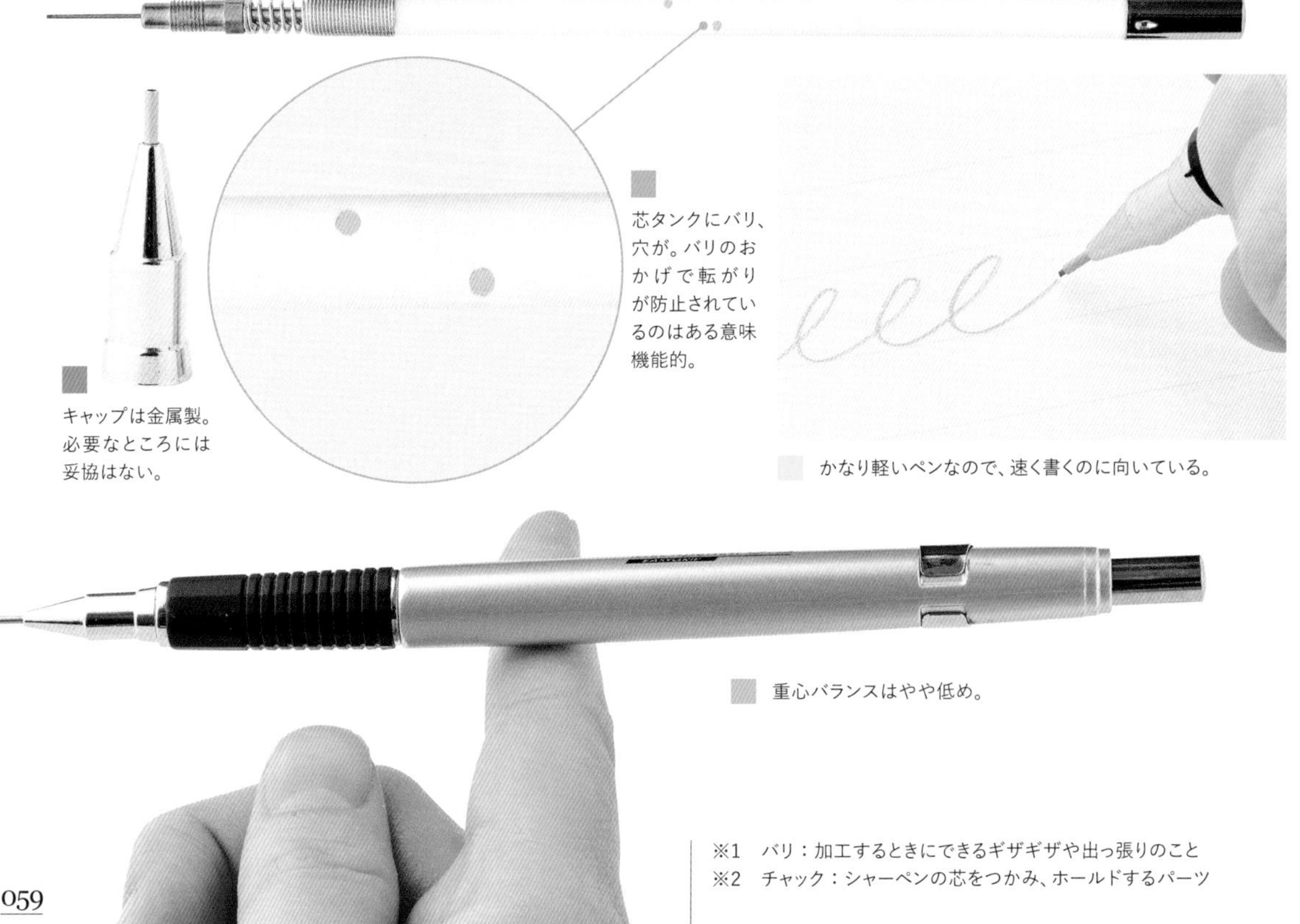

芯タンクにバリ、穴が。バリのおかげで転がりが防止されているのはある意味機能的。

キャップは金属製。必要なところには妥協はない。

かなり軽いペンなので、速く書くのに向いている。

重心バランスはやや低め。

※1　バリ：加工するときにできるギザギザや出っ張りのこと
※2　チャック：シャーペンの芯をつかみ、ホールドするパーツ

14 革新的で攻めた機能を搭載するも改善の余地あり

ドクターグリップエース／パイロット

ドクターグリップによる疲労低減機能、折れない機能、ラスイチサイン、フレフレ機能の4機能が搭載されている、多機能シャーペン。

折れない機能は、沈み込みが早く改善の余地があると感じた。

パイロットのドクターグリップエースというシャーペンを紹介していこうと思います。**こちらのペンには4つの機能があります**。ドクターグリップによる疲労低減機能、ペン先が潜って芯が折れない機能、予備の芯が残り1本になるとお知らせしてくれるラスイチサイン、振っただけで芯が出るフレフレ機能が搭載されている、多機能シャーペンです。

ひとつ目のドクターグリップですが、本家のドクターグリップはラバーグリップが2層構造になっているため、グリップに奥行きがあって、程よい柔らかさがあり気に入っていました。それに対してドクターグリップエースは、2層構造になっていないので少し硬いなと感じました。硬いのは百歩譲ってわかるとして、自分が1番気になったのがグリップの中に空白があるように感じることですね。握っていて違和感があります。ドクターグリップという名前が付いているので、グリップにはもうちょっとこだわってほしかったなと思います。

ふたつ目の**芯が折れない機能**ですが、こちらももう少し改善の余地があるなと感じました。普通に書いているときでも、グニュッといった感じで必要のな

予備の芯が残り1本でも使っている芯が十分長いときは、ラスイチサインは黒色。

芯を補充するときは、ラスイチサインの樹脂があるのでキャップごと引き抜く必要がある。

予備の芯が残り1本になって使っている芯が残りわずかになったとき、ラスイチサインは黒からオレンジ色になる。

フレフレ機能は音が大きすぎず評価できる。

い沈み込みが生じます。筆圧が強い方にはこのシャーペンはおすすめできないなと感じました。

みっつ目の**予備の芯が残り1本になったら教えてくれるラスイチサイン**についてです。ドクターグリップエースのキャップには、黒色とオレンジ色の樹脂のマーカーが付属されています。予備の芯が残り1本の状態で、**使っている芯が十分長いとき、ラスイチサインは黒色になります**。使っている芯が残りわずかになってしまったときはオレンジ色になります。ここで気を付けていただきたいのが、予備の芯がラスト1本になった瞬間にラスイチサインがオレンジ色になるというわけではなくて、使っている芯が短くなっていくことによってオレンジ色になるということですね。

最後に**フレフレ機能**についての説明をしていこうと思います。従来のドクターグリップは、振ると乾いたいい音がするんですけれども、結構響いてしまうんですよね。それに対してドクターグリップエースは比較的音は静かです。教室の中でも響きにくいと思うので、そこは評価できるかなと思いました。

こちらのカラーはグラデーションレッドという色なんですけれども、かっこいいですよね。0・5㎜はグラデーションがメインで、0・3㎜はポップなカラーがメインとなっています。芯径によってカラーを変えるのは、個人的にはあまりいい方法ではないなと思いますが。シャーペンの消しゴムは、キャップをひねることで出すことができます。**芯を補充するときは、ラスイチサインの樹脂があるのでキャップごと引き抜く必要があります**。

気になるお値段の方ですが、880円となっていました。ラスイチサイン機能はかなり革新的で攻めているなと感じましたが、グリップや折れない機能にはまだまだ改善の余地があると感じました。

15 書き味がよく、おしゃれバランスのいいシャーペン

TK-FINE バリオLペンシル／ファーバーカステル

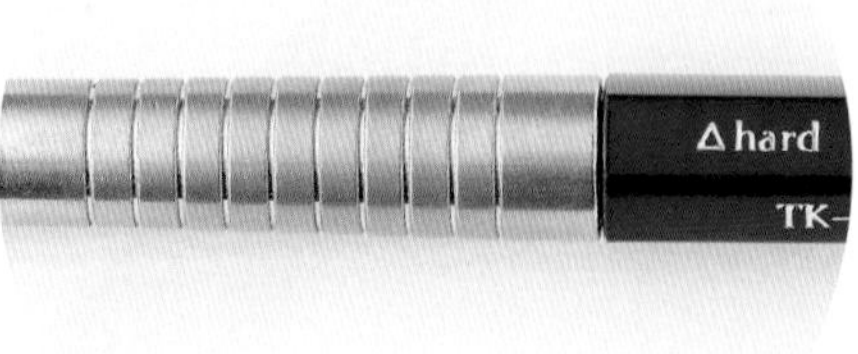

ハード：芯のクッション機能が働かないので、安定したカリカリとした書き味。正確な筆記ができる製図用。

ソフト：芯のクッション機能により、やわらかくてなめらかな書き心地。快適な筆記ができる一般筆記用。

全体的にバランスの取れた素晴らしいシャーペン。書き味の変更が可能。

ファーバーカステルのTK-FINE バリオLペンシルの徹底解説をしていこうと思います。こちらのシャーペンは書き味を変えられるという、非常に面白い機能が搭載された、非常におしゃれで魅力的なシャーペンとなっています。値段は2750円とちょっと高めなんですけれども、それでも十分買う価値があると思える素晴らしいシャーペンです。

1番の**特長は書き味を変更できるということ**ですね。**軸を回してソフトモードにすると芯のクッション機能が働く**ので、やわらかくてなめらかな書き心地になります。反対側に回すと**ハードモードになって、芯のクッション機能が働かない**ので、安定したカリカリとした書き味になります。2種類の書き味を併せ持つ結構マニアックな機能が搭載されていて、とても面白いですね。

上部は、**回すことで消しゴムがニョキニョキと出てくるようになっています**。この消しゴム、実はロットリングのラピッドと互換性があり、取り替えることも可能です。

珍しいんですけれども、**ペン先に硬度表示窓が搭載**されています。0・5㎜は樹脂のところ

消しゴムは3cmぐらいが使いやすそう。回すと消しゴムがニョキニョキと出てくる。

握るところがへこんだような形状になっており、握ったとき、絶妙に手にフィット。表面がメッキ処理されているので少し滑りやすい。

ペン先に硬度表示窓を搭載。芯径によって樹脂の色が茶色から変化。芯経は0.3㎜から0.9㎜までの計4種類がラインアップ。

深緑色とシルバー金具、ロゴの組み合わせが美しいデザイン。ロゴは刻印ではなく、箔押しというこだわりよう。

が茶色ですが、芯径によって樹脂の色が変わっていきます。芯経が異なる同じペンが3本とか並んでるときに、見分けやすくなっていますね。

8つの項目に対して、5つ星評価をしていこうと思います。書きやすさは星4つです。グリップに金属、後軸には樹脂が使われているという低重心のお手本みたいなシャーペンで、素直に書きやすくなっています。重量は約17gと軽めで、書きやすい部類には入るとは思います。しかしペンの全長が結構長く、どうしても取り回しがしにくいのが難点です。

持ちやすさは星4つですね。ちょうど握るところがへこんだような形状になってくれるので、握ったときに手にフィットします。書き味は星5つです。書き味を変えることができるのが面白いし、ソフトモードもハードモードもそれぞれいい書き味で、好きな人が多いんじゃないかなと思います。ペン先の視界は星5つで、4㎜のガイドパイプが搭載された製図用シャーペンなのでこれはもう文句なしです。デザインは星5つとさせていただきました。**深緑色の樹脂の軸とシルバーの金具の組み合わせは、ファーバーカステル独自の上品さ**があってすごく好きなデザインです。コストパフォーマンスは星3つで、満足感の得られるペンでした。正直2750円でこのクオリティは自分からするとそんなに高い額ではないかなと思います。7つ目の品質は使い方次第ですね。メイドインジャパンで信頼できる品質。個体差もありますが、慎重に使っていけばある程度長く使えると思います。

最後の総合評価、これは星4つです。全体的にバランスがよく、かなり優等生な感じですが、グリップが滑りやすいので賛否が分かれます。もしグリップ性能がもっと優れていたら、これは星5つにしていたかなといった感じです。

16 短くて太い芸術的なデザインはさすがドイツの老舗ブランド

スクリブル／ラミー

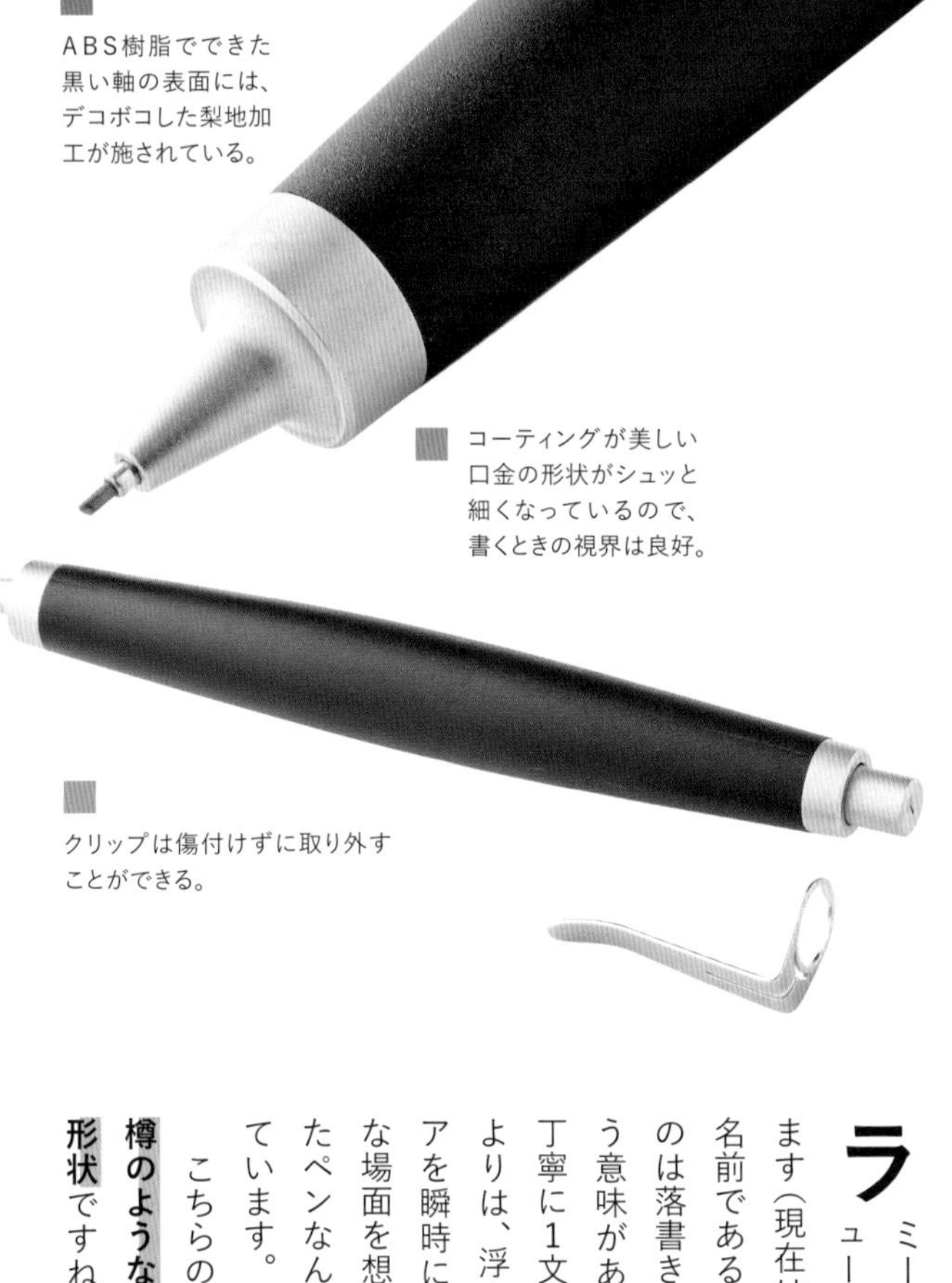

ABS樹脂でできた黒い軸の表面には、デコボコした梨地加工が施されている。

コーティングが美しい口金の形状がシュッと細くなっているので、書くときの視界は良好。

クリップは傷付けずに取り外すことができる。

ちびデブという愛称のシャーペン。書きやすさは文句なしの一流品。

ラミー、スクリブルのレビューをしていこうと思います（現在は廃番商品）。ペンの名前であるスクリブルっていうのは落書きとか走り書きっていう意味があり、こちらのペンは丁寧に1文字1文字書くというよりは、浮かび上がったアイデアを瞬時に紙に書きとる、そんな場面を想定してデザインされたペンなんじゃないかなと思っています。

こちらのペンの1番の特長は、**樽のような形をした短くて太い形状**ですね。ちびデブとも言えるような形状にもかかわらず、スタイリッシュな見た目、これがラミーのデザイン力のすごさかなと思います。

黒い軸はABS樹脂でできています。6600円もするペンなのに樹脂でできていると聞いてびっくりされる方もいると思うんですけれども、表面には**デコボコした梨地加工**[※1]**が施されている**ので、かなり質感は高いです。シルバーの金具のところはパラジウムのコーティングが施されています。少しゴールドっぽい色にもなっているので、非常に上品で落ち着いた反射をしてくれます。

金具がさびやすいので、保管する場所は気を付けた方がいいかなと思います。クリップにはスリットが設けられていて、これがあるかないかでデザインがだいぶ違ってくると思いますね。**クリップは傷付けずに取り外しができ、そういう配慮もされている素晴らしいペン**です。クリップを付けたままだとどんな持ち方をしても必ず手に当たりますね。でもクリップを付けた状態でも軸が湾曲しているので、ちょうど凹んだところに手がフィットしてくれます。

0・7㎜ペンシルにはクッション機能が搭載されていて、紙に当てると少しだけスライドパイプごと沈みます。クッション機能をうまく使えば、わずかな筆圧の変化で線の濃淡をうまく表現できるなと思っていて、素早く楽に書くための手助けをしてくれているんじゃないかなと思います。

では最後に5つ星評価をしていこうと思います。「書きやすさ」は星5つ、文句なしです。「持ちやすさ」も星5つで、一体感が感じられ滑りにくいという理由から、持つ分には何もストレスがありません。「書き味」は星4つですね。しっかりとした書き味を残しつつ、やわらかさを残した面白い書き味となっています。「ペン先の視界」は星4つで、製図用シャーペンの視界ほどじゃないんですけれど、**十分な視界**かなと思います。「デザイン」は見た目のよさはもちろんながら、使いやすいような配慮もいろいろなところにされていて、高い評価ができるということで星5つとさせていただきました。「コストパフォーマンス」は星1つです。6000円の品質ではなく、ブランド料で結構持っていかれているといった感じです。「品質」は星2つですね。金具がさびやすかったり、壊れやすかったりするので、一生物のペンとして使っていくには無理があるかなと思います。最後に「総合評価」をしますと、星5つかなと思います。人によって満足度合いは変わりますが、かなりかっこよくて書きやすいペンです。

ノック部分には凹みがありノック時に手にフィットする。

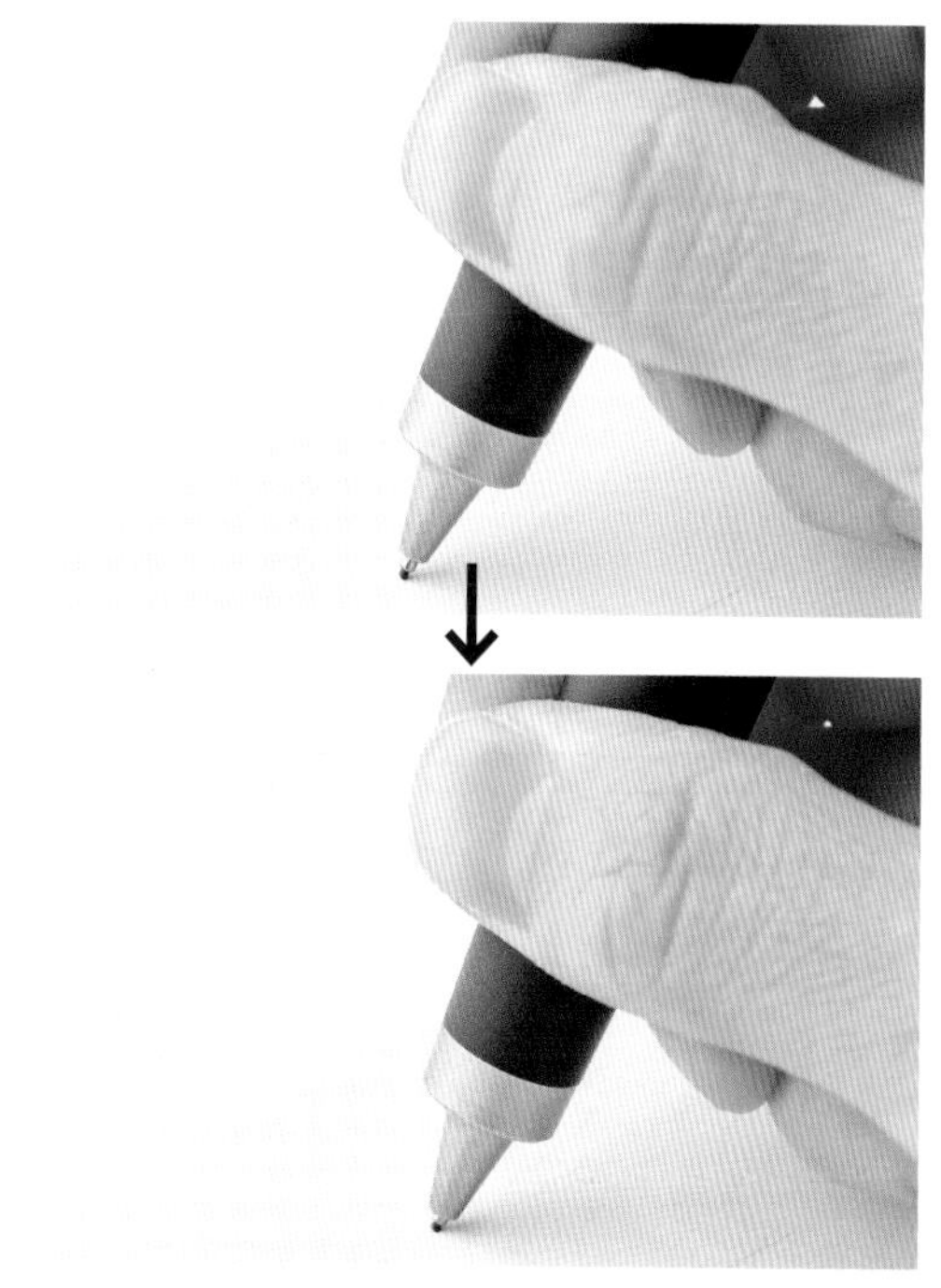

ペン先にクッション機能が搭載されていて、紙に当てると少しだけスライドパイプごと沈み、よい感じに衝撃を吸収してくれる。

※1 梨地（なしじ）加工：金属の表面に細かな凹凸を作り、ザラザラとした質感に仕上げる。質感の向上や滑り止めの効果があり、梨の表面に似ていることから名付けられた

17 希少な黒柿孔雀杢(くろがきくじゃくもく)を使用した美しいデザインが魅力的

0・5㎜ ペンシル楔(せつ)(ノック式)／工房楔(せつ)

メッキ処理を施された金属パーツが美しく輝き、デザインの最適解と言える。ノック部分の押すところが膨らんでいて、押したときに圧力が分散されて指に優しいのと同時に、デザインの高級感が感じられる。

持ち手の部分が緩やかに膨らんだような形状。無駄な装飾は一切なく、すべてシルバーの金具で統一している。

工房楔(せつ)の0・5㎜ペンシル 楔 黒柿孔雀杢を紹介していこうと思います。メーカーの工房楔さんは自分の中でですが、木軸ペンの最高峰という認識の木の工房です。なんとこちらのペンは19800円で購入しました。黒柿孔雀杢は数多ある美しい木材の中でもレア中のレアの素材なので、銘木の魅力に取り憑かれ、人生で一度自分の手で触れてみたいと思い決断しました。

ペンシル楔ですが、なんといっても非常に美しいですよね。**メッキ処理が施された金属が静かに輝いていて**、デザインの最適解なんじゃないかと思うくらい、素晴らしいデザインです。

重さは約23gなので、持ってみると思ったよりも軽いなという印象を受けます。クリップはメッキ処理が施されていて、クリップの内側の金属はヘアライン加工[※1]がされています。ほかのペンと比べるとクリップは短めの印象を受けるんですけれども、短めなクリップでも違和感がないような、まさに**最適解という言葉に相応しいデザイン**のペンだと思います。

かなり広い面積に木材が使われていて、持ち手の部分が緩やかに膨らんだような形状にな

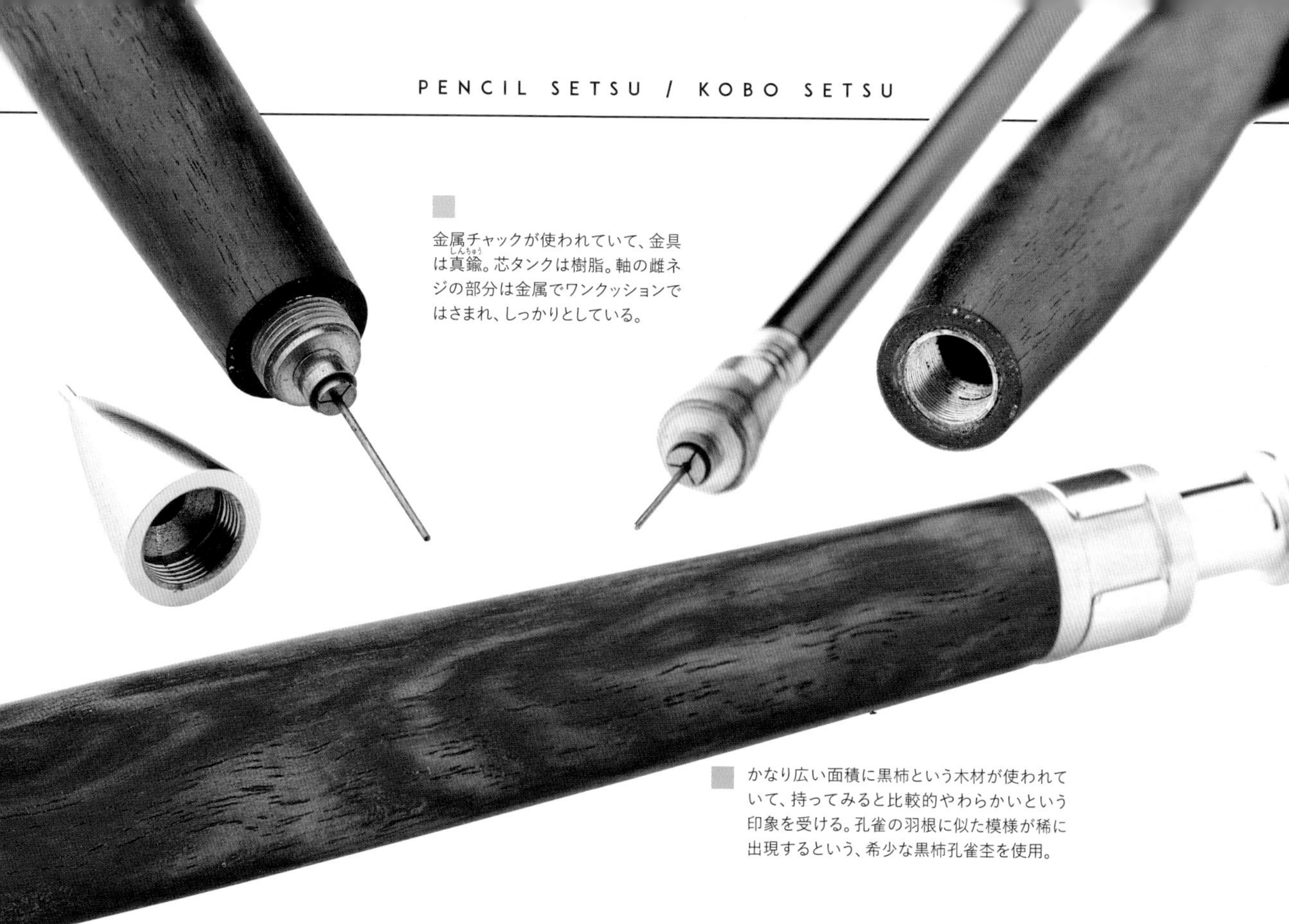

金属チャックが使われていて、金具は真鍮。芯タンクは樹脂。軸の雌ネジの部分は金属でワンクッションではさまれ、しっかりとしている。

かなり広い面積に黒柿という木材が使われていて、持ってみると比較的やわらかいという印象を受ける。孔雀の羽根に似た模様が稀に出現するという、希少な黒柿孔雀杢を使用。

っているのもペン全体の気品を高めているように感じます。スライドノック式のシャーペンとなっていまして、使うときだけガイドパイプがにょきっと出て、使い終わったらガイドパイプをしまって保護することができます。

使用されているのは黒柿の孔雀杢という木です。そもそも黒柿の孔雀杢とはなんぞやということですが、黒柿には**孔雀の羽根に似た模様が10万本に1本の確率で出現**します。どうして稀に黒い模様が出現するのかはいまだに解明されていないらしくて、外から見たら普通の柿の木とまったく変わらないそうです。育てて人工的に作り出すことができないんですよね。黒柿の孔雀杢というだけで10000円以上も値段が高くなってしまうという、それだけ高価な木材となっています。

実際に書いてみると、ストレスなく書けるなと感心しました。比較的軽めなペンかつスライドパイプなので、ずっしりとした野原工芸の固定式口金シャーペンの書き味と比べると、どうしても劣ってしまいます。しかし**キャップと軸の振動もまったくなくてスライドパイプのガタつきだとかなり抑えられた割には思う**ので、自分にとって十分満足のいく書き味でした。

非常に書きやすく、持ったときにクリップが当たって気になってしまうということもないので、バランスのよいシャーペンだなと思いました。

唯一欠点を言うとすれば、値段が高いということですね。工房楔さんは、一般的には手に入りにくいといわれている樹種しかラインアップしていないということで、どうしても値段が高くなってしまっています。ただ、滅多に販売していない珍しいものばかりなので、なかなか見応えがあります。それだけこだわりを持って作られているんだと思います。

※1　ヘアライン加工：金属の表面処理加工の1つ。表面に細やかな縦線を入れてツヤを消す。装飾の仕上げなどに使われる

18 宝石のような美しさ 書くのが楽しくなるシャーペン

2㎜ペンシル楔(せつ) 花梨(かりん)紅白(こうはく)／工房楔(せつ)

木軸ペンの最高峰・工房楔(せつ)さんの2㎜ペンシル楔 花梨紅白(かりんこうはく)を紹介します。赤色と白色の木目がくっきりと分かれているのが特長的で、**宝石のように美しすぎるペン**となっています。値段は驚きの14300円でした。そんな美しいこちらのシャーペンについて、書いてみての感想とか、木の触り心地とかそういうところも詳しく解説していこうと思います。

まずはデザインについて詳しく見ていきましょう。グリップの部分が膨らんだ流線型のボディとなっていて、**約10㎝にも渡る長い木材が使われています。**木の魅力というのを存分に活かすために、金具の装飾は上品ながらシンプルに仕上げられています。ノック部分とクリップそれから口金はメッキ処理が施されているんですけれども、**クリップの内側の金具はメッキ処理ではなくヘアライン加工**※1が施されています。

芯径が2㎜ということでペン先はタツノオトシゴの口みたいな形状になってるんですけれども、芯を出したときにトキントキンにとがっているのがなかなかかっこいいです。書いていくと次第に線が太くなってしまうので、鉛筆と同じように芯研

グリップの部分が膨らんだ流線型のボディ。約10㎝にも渡る長めの木材を使用。

赤色と白色の木目がくっきりと分かれているのが特徴的。ここまで美しく、引き込まれる木材は稀だ。

クリップの内側の金具はメッキ処理ではなくヘアライン加工されている。メッキだとクリップを回す際に傷付くためと思われる。

真鍮（しんちゅう）でできたネジを受け止めるところは金属でワンクッション置いているので、割れやすい木材をしっかりと補強している。

これで花梨は3本になった。クラフトエーのシャープペンシルⅠは微妙に白色の模様が入っているのがお気に入り。

クラフトエーのシャープペンシルⅡは赤色と黒色、わずかな白色という3種類の色で構成。

木材と金属の境目にやや段差が出るのが残念。

器を使って芯を削る必要があります。

そしてこちらの特長的な木目なんですけれども、東南アジアが原産地のマメ科の広葉樹の花梨という木が使われています。その中でも稀に出現する瘤杢（こぶもく）という木目なんですけれども、外から見たらタンコブみたいに膨らんでいるそうで、その膨らんだ瘤材（こぶざい）を切り出すとこのような複雑な木目が現れます。白色と赤色のふたつが混じった花梨の瘤材というのはなかなか珍しいそうで、白色の部分は使えないような木材も多いということから、花梨紅白として使えるのは稀な木材となっています。

自分が持っている**花梨のペンは、これで3本になりました。**クラフトエーの製図用シャープペンⅠは花梨の瘤杢といえばこれ、みたいな感じの木目です。微妙に白色の模様が入っているのが個人的にお気に入りポイントです。そして**クラフトエーのⅡ（P50）は、これもまたかなりとがった独特な木目**となっています。赤色と黒色、そしてちょっとだけ白色という3種類の色で構成されていて、光と影を両方見られるような感じで、芸術的な美しさがあります。

書き味ですが、第一印象としては、書くのがすごく楽しいですね。見た目とか値段を考えると結構ずっしりとしているんじゃないかと思われがちですけれども、こちらのペンは25ｇ前後なので、持ってみると意外に軽いなという印象を受けます。お値段は張ってしまいますが、すごく書きやすいというのが工房楔さんのペンの魅力なんですよね。しっかりと実用性にフォーカスを当ててくれているのは好感が持てます。

決して簡単に手を出せるようなお値段ではないですし、木軸ペンの最高峰と個人的に思っている憧れの工房さんですので、本当に買えてよかったですし、一生もののペンになるんじゃないかなと思っています。

※1　ヘアライン加工：金属の表面処理加工の1つ。表面に細やかな縦線を入れてツヤを消す。装飾の仕上げなどに使われる

19 使うほどにいい味が出て4年間で愛着のある1本に

欅(けやき)のシャープペンシル／野原工芸

経年変化がしやすいといわれる欅が使われたシャーペン。長所が多く、値段以上の価値がある。

使い始めはベージュがかった色。使い始めて1年でかなり色が変わり、そこからもじわじわと変化していい味が出てきた。

先端の方は頻繁に触れる部分なので、艶消しだったところがテカテカに。4年経っても塗装のはがれは一切なし。

4年間使ってきた野原工芸の欅(けやき)のシャープペンシルの木軸の経年変化、金具の塗装の変化、そしてこのシャーペンの魅力などを紹介していこうと思います。

こちらのペンを使い始めたのが2015年10月18日からで、その日からほぼ毎日使っているといった感じです。なぜこのペンを飽きずに使っているのかというと、ほかのペンとは**比べ物にならないほどの愛着を持っているから**なんじゃないかなと思います。自分自身、木の製品が好きでカレンダーとか定規とかを木でそろえたりしているくらいなんですけれども、木でできている道具って本当に愛着が湧くんですよね。

こちらは野原工芸の約30種類ある木の中でも、経年変化がしやすいといわれている欅という木が使われたペンです。**最初はベージュがかった色**だったんですけれども、使い始めて1年でかなり色が変わって、そこからもじわじわと変化しています。いい味が出ているんじゃないかなと思います。野原工芸さんはアフターケアもしっかりとされていて、修理には、修理基本料880円（振込の場合は返送費サービスになる）、部品交換が必要な場合最大＋1650円

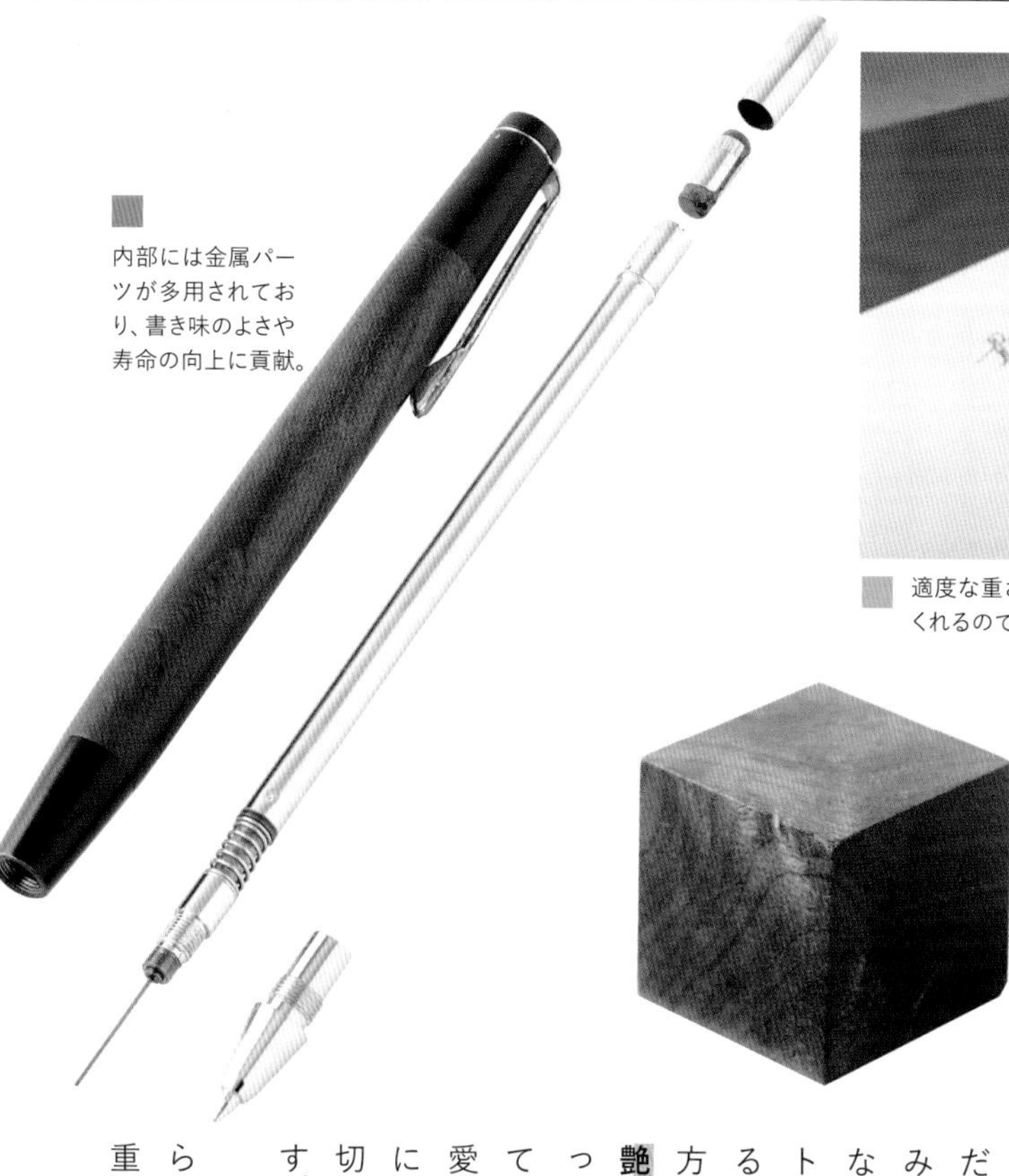

内部には金属パーツが多用されており、書き味のよさや寿命の向上に貢献。

適度な重さがあり、紙や机のザラつきによって発生する振動を吸収してくれるので、書き味がすごくいい。

野原工芸のペンには、木のキューブが付属されている。木のよさを感じてもらう目的だそう。職人の心意気を感じる。

でしてもらえるので、長く使っていけるペンを探している方にはもってこいのペンとなっています。

　最近はBTペンケースに入れる機会が多いので、金具の金色のメッキがはげて銀色になってきて、場所によっては銅色の何かがむき出しになってきています。金具のはげ具合で年季が感じられるので、気分転換に金具だけ交換してみると新しさがよみがえって面白いんじゃないかなと思っています。また、マットブラックの塗装が施されているんですけれども、特に先端の方は頻繁に触れる部分ですので**艶消しではなくテカテカ**しちゃってますね。これも何年も使ってこないと現れない変化なので、愛着が湧くポイントです。それにしても、4年経ったのに、一切黒の塗装がはげていないのはすごいなと思います。

　続いては書き心地です。こちらのペン、最初に持ったときは重く感じると思います。ただ重いペンもそれなりにメリットがあって、紙とか机のザラつきによって**発生する振動を吸収してくれるので書き味がすごくいい**んですよね。重い重量のペンなんですが、重心の位置が絶妙なためペンが安定してくれて、かつ流線型の流れるようなボディのおかげで、長期筆記や慣れれば速く書くスピード勝負にも十分力を発揮することができる万能なペンとなっています。なので書いていると楽しくて、そういうところも長く使っていけるポイントなんじゃないかなと思います。**内部のパーツも金属が多用されている**ので、そういうところも書き味のよさや寿命の向上につながっています。

　長所が多くて、欠点は値段が高いっていうことくらいしかない、そんなペンとなっています。高価なペンなんですけれども、自分の場合はこれだけ気に入って使えているので、値段以上のものがあるんじゃないかなと思います。

20 どちらも非常に完成度が高く優劣つけがたい名作

レグノ、S20／パイロット

全長
S20は重さ17.9g、
全長146.6㎜。
レグノは重さ21.2g、
全長140.4㎜。

グリップ直径
S20は8.89㎜。
レグノは8.92㎜。

重心
S20が64㎜
レグノが67㎜

学生には書きやすいS20（左）、社会人には上品さがあるレグノ（右）がおすすめ。どちらもぬくもりを感じさせる優しい木の軸。薄くスライスした木材を樹脂とともに高温高圧で圧縮して作っている。

レグノ（右）は高級感のある仕上がり。中間のリング部分にロゴの刻印がしてあり、時間が経ってはがれることがない。

視聴者からリクエストが多かった、パイロットのS20（P42）とレグノ、こちらの2本の木軸シャーペンを、徹底的に比較をしていきたいと思います。

この2本のシャーペンはパイロットから販売されているんですけれども、どこか似たような雰囲気が漂っていますよね。それもそのはず、内部に使用されている心臓部分のパーツに同じものが使われていて、外見が異なる兄弟みたいな関係性なんです。もし**学生の方にどっちがおすすめですかと聞かれたら、とにかく書きやすいS20**をおすすめします。**社会人になってもシャーペンを使いたいと考えている方は、優雅に書けるレグノ**をおすすめします。

それでは、この2本のペンの特長についてお話していきます。

S20のお値段は2200円ですが、買って後悔することはまずないかなと思います。外観のデザイン以上の書きやすさが大きな魅力です。

レグノはS20に上品さをプラスしたモデルだと思っていただ

デザインはS20の方が好み。でも質感はレグノの方がいいので甲乙付けがたい。

レグノ（右）はクリップが長くて手に当たりやすい。

S20（左）はガイドパイプなので視界はいいが耐久性が低い。

ければと思います。値段も2650円となっていて、S20よりも500円高額になっています。上品さをプラスしつつも、S20ほどではないんですけれども書きやすさをしっかりと持っているので、実用性もあるシャーペンだと思います。

個人の感想を交えて比較をしていきますと、まず**持ちやすさはS20がいいと思います**。持った際にクリップと、真ん中の金具が当たらないのもいいです。書き味はレグノかなと思います。基本的にこちらの2本は書き味が似ているんですけれども、筆記具というのは重たい方がしっかりとした書き心地になって書き味がよい傾向があるんですよね。S20が17・9g、レグノが21・2gなので、レグノの方がしっかりとした書き心地を楽しむことができます。

見た目については好みが分かれるとは思いますが、**デザインはS20、質感はレグノ**かなと思います。どうして自分はS20のデザインの方が好きなのかと言いますと、単純にかっこいいからですね。特に流れるような流線型のボディから、突然ゴツゴツになった先端の口金の形状が好きで、このメリハリがかっこいいなと感じさせてくれます。もちろんレグノも、全体的に艶のあるメッキで仕上げられているので、高級感があって良いデザインです。

次に品質についてはどちらも同じですが、レグノの方が耐久性が高いかなと考えています。S20はガイドパイプが4㎜もあるので、机の上から固い床に落とすと折れてしまいます。ただ、このおかげで**ペン先の視界はS20の方がよい**のですが。

さすがパイロットが作っているシャーペンなだけあって、どちらも完成度が高く優劣を付けがたい名作です。もしお近くで試し書きできる文房具屋さんがある場合は、ぜひ自分の手で使ってみて、確かめていただきたいなと思います。

HANDWRITING

文房具の可能性を広げる使い方

筆記具を使って楽しむ
きれいでくせのある字の書き方講座

普段、ペンの書き心地を紹介するために書いている文字が意外と注目を集めることに。視聴者から寄せられたリクエストに応える形で、しーさー流の「もっとペンを使いたくなる字の書き方講座」をご紹介。教科書に載っているような美文字ではなく、あくまでもしーさー流であることをお忘れなく!

きれいな字を書くのに心掛けていること

僕は、習字を小学校の6年間習っていました。そのときの先生の影響を少なからず受けたと思います。

人ってそれぞれ字が1番きれいに書ける大きさっていうのがあると思っていて、授業とかで使う大学ノートくらいの大きさだと小さすぎてあんまりきれいに書けないので、A4のコピー用紙によく書いています。なにも線が入っていないので、最適な書きやすい文字の大きさで書くことができ、おすすめです。

字をきれいに書くうえで1番大事なのがバランスです。このバランスっていうのは字を書くうえで切っても切れない重要な要素。バランスがよくない字はいくら頑張っても上手に見えません。

とは言っても、バランスを整えて書くのは意識するだけでできますし、そこまで難しいことでもないかなと思います。汚い字と言われる文字を見ていると共通している部分が多いです。例えば上の方はゆとりがあるのに、下の方に行くにつれてスペースが足りなくなってきたから、やむを得ずきつきつに書いてしまう字ですね。これだと頭でっかちな字になってしまって、バランスが悪く見えてしまいます。

教科書のように正しいバランスで書けといっても難しいところだと思います。大げさでもいいので、上の方を小さめに書いて、下の方にゆとりを持たせて大きく書くというのを意識して書いてみると、小顔で高身長な、スタイルのいい漢字を書けるんじゃないかな、と思います。

また、上の方を小さめで下の方を大きめでという感じで意識して書いていくと、次第に上手くいくバランスがわかってくると思うので、とりあえず大げさでもいいのでやってみるのがいいと思います。

あとは、微妙に横の線を右斜め上にするように意識して書くとバランスがよく見えるので、これもきれいに書きたい人は絶対にやっておくといいかなと思います。これは僕が習字を始めてすぐに教えてもらったことなので、きれいに書くための常識だと思っていいでしょう。

また、しーさー流で言えば、部首を大きく書かないようにしています。部首が大きすぎるとバランスが悪く見えてしまうんですよね。

文章を書いているときに字と字の間隔は常に一定で、一直線に横になるように書いて、漢字は大きめ、平仮名は気持ち小さめに書いていくと読みやすい文になると思います。

また画数が多くても少なくても、漢字は漢字で、ひらがなはひらがなで、書くスペースをそれぞれ一定にすると整った感じに見えます。

文字のバランスは大事ですが、それと同じくらい大事なのが、「はね」と「払い」などの文字のメリハリをしっかりつけることですね。

汚い字を見ていると、メリハリがなく、丸っこい字が多いなと感じます。

メリハリのある字はどうやって書くのかというと、まずは書き始めるときに斜め45度の打ち込みというのを行って、くっきりとした線にしていきます。この打ち込みのおかげでかなり丁寧に書いた字に見えますよね。次は、カドのところを90度未満の鋭角にするということですね。こうすると引き締まった字になります。直線の部分は多少曲がってもいいんですけれども、なるべくまっすぐに書きましょう。ふにゃふにゃさせると残念な字になってしまうのです。

払うところは長めに美しく払って、文字の美しさを引き出し、はねるところは勢いを持たせて書くと迫力が出てます。多少バランスが悪くてもこの5つの条件がそろっていれば、きれいに見える字が書けるんじゃないかなと思います。

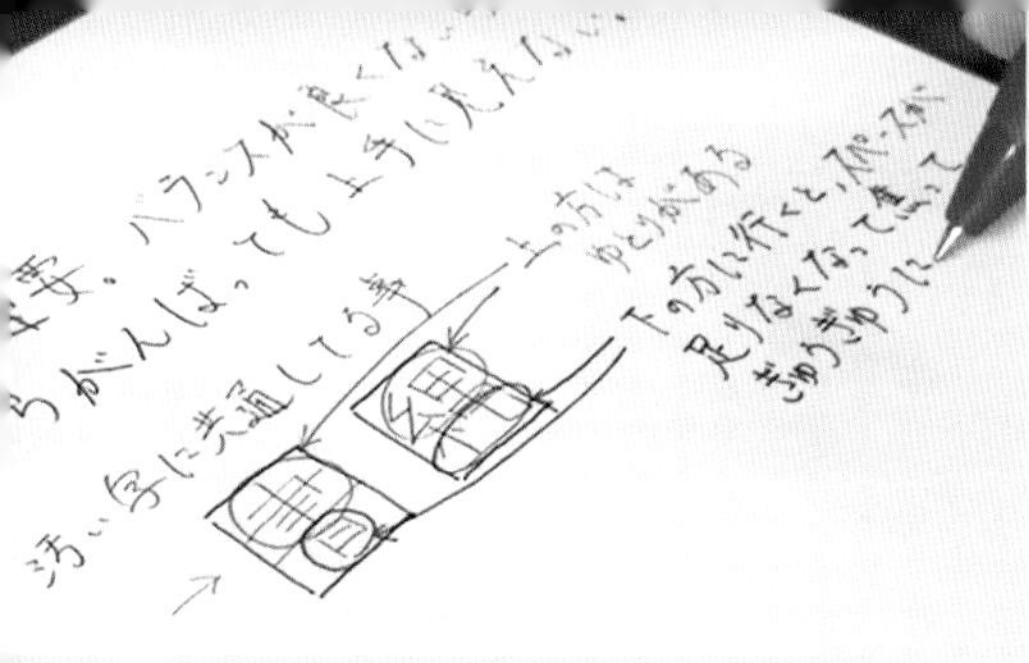
汚い文字でよく見られるのは、頭でっかちでバランスが悪くなってしまうこと。

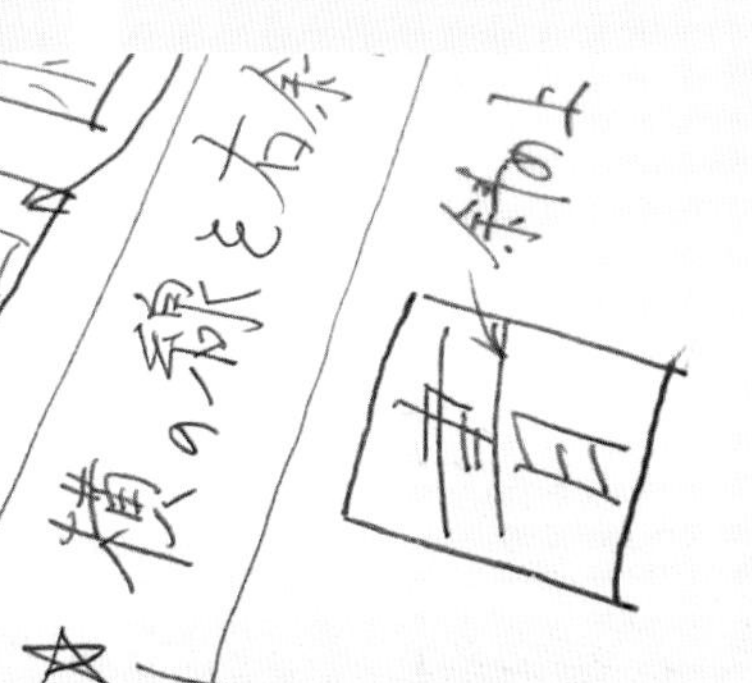

横の線を右斜め上にするように書くとバランスがよく見える。書道教室で教わったこと。

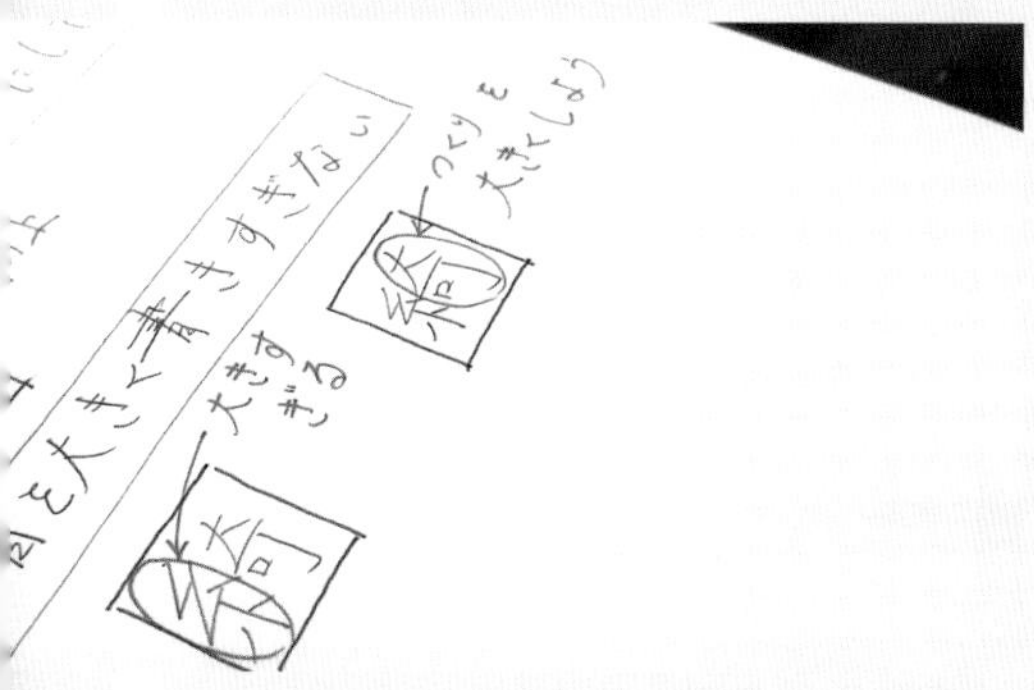
左側のいとへんが大きいと、全体的にバランスが悪くなってしまう。

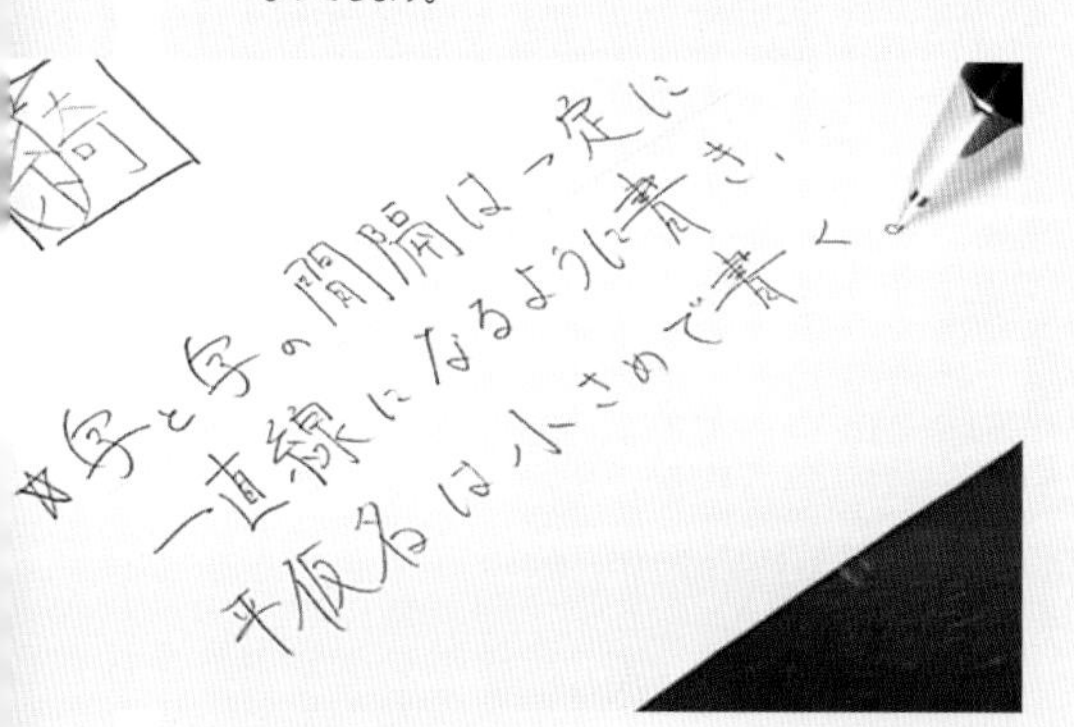

漢字に比べてひらがなを小さく書くと、バランスが整って見える。

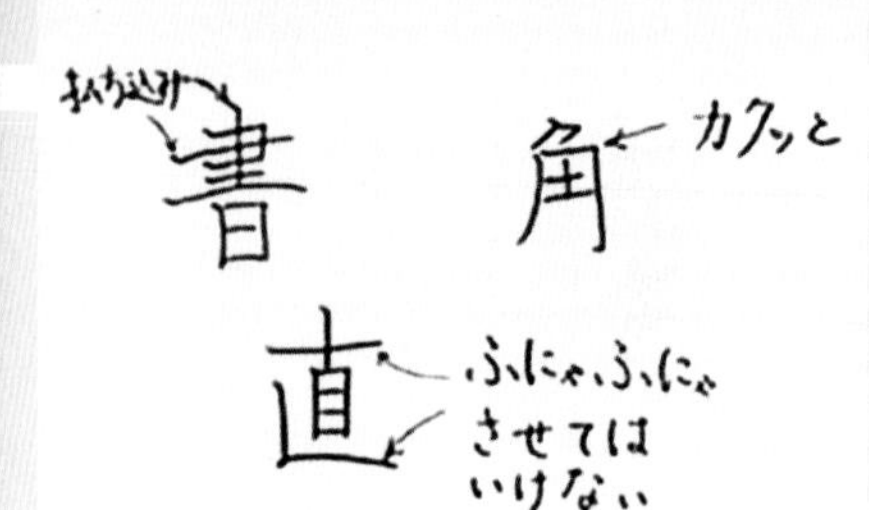

整った文字が書けてこそ、味のあるくせ字を書くことができる。

多少読みにくくはなってしまうが、流れるような字となり、芸術的

例）

画数を短縮することで手間が省け、芸術的な文字になり一石二鳥。

例）

くびれ

角を強調

字にくびれを持たせて、スタイルをよくすると独特のくせ字になる。

しーさー流「くせのある字」の書き方

きれいな字の書き方講座とは別に、「独特な字の書き方を教えてください」というリクエストも多くいただくので、しーさー流のくせ字を紹介をしたいと思います。

自分流のくせのある字を書こうと1番意識しているのが、字にくびれを持たせることですね。真ん中を細くして、くびれを持たせることによって、カドが強調されてスタイルがよくなり、独特な字を書くことができます。

独特な字を書くときに気をつけていることはまだあって、画数を短縮して書くことです。多少読みにくい字にはなると思うんですけど、流れるような字になって芸術的に書くことができます。わざわざ一角一角書いていると面倒くさいですし、読める範囲ならこのテクニックを使います。日本語を勉強している外国人が見たら、なんて書いてるか全然わからないと思いますね。

整った文字もくせ字も、あくまでもしーさー流なので、どこか取り入れたいと思うところがあればうれしいです。

字がきれいだと書くのが楽しいですし、意外なところで得することが多いので、ぜひ参考にして書くことを楽しんでもらえたらと思います。

SEASAR'S HANDWRITING

きれいな字を書くには

しーさー流 書き方講座まとめ

バランス

- 頭でっかちにならないように、上を小さめ、下を大きめになるように書く。
- 横の線を右斜め上になるように意識して書く。
- 部首を大きく書きすぎない。
- 字と字の間隔は一定に一直線になるように書き、ひらがなは小さめで書く。

メリハリをつける

- 書き始めに45度の打ち込みを入れる。
- 角はしっかりとカクッと書く。
- 直線はふにゃふにゃしないようにしっかりと直線で書く。
- 払うところは長めに美しく払う。
- はねるところは勢いを持たせる。

くびれを持たせる

字の真ん中を細くして、角を強調してスタイルとよく見せる。

画数を短縮して書く

多少読みにくくはなるが、流れるような字となり芸術的に見える。

※くせのある字はバランスがよくないと味が出ないため、まずはきれいで整った字を書くことを心掛けましょう。

CHAPTER 3

こだわりのボールペン・多機能ペンの世界

社会人となると圧倒的にボールペンの使用が増えるようです。必要なのは実用性に加えてTPOにふさわしい品格です。使い勝手はもちろん大切ですが、在りたい自分につながる1本を見つけましょう。

21 自己修復性トップコートを使用完成度の高いボールペン

ジェットストリーム　プライム　回転繰り出し式シングル／三菱鉛筆

ジェットストリーム　プライム　回転繰り出し式シングルの2019年数量限定色ノーブルブラック。

筆箱に入れておいても塗装がはがれにくい、自己修復性のトップコート。流線型のボディが美しい。

今までのシリーズ（右）とは異なり、宝石のような装飾がないシンプルさが魅力。重量は約30gで、細さの割には重く感じる。

三菱鉛筆のジェットストリーム　プライムの回転繰り出し式の油性ボールペンを解説していこうと思います。定価は5500円です。

結論から言うと、このボールペンは高価ですが素晴らしいです。**これだけ完成度の高いボールペンは久しぶりに見ました。**自分用としてはもちろんですが、ボールペンをプレゼントしようと考えている方にも参考になればと思います。

ご紹介するのはジェットストリーム　プライム　回転繰り出し式シングルの2019年数量限定色ノーブルブラック。通常色は3300円なのに対して、限定色は5500円。中身は同じなのに2000円も高くなっています。

こちらはただの限定色ではなくて、**黒色の部分には自己修復性のトップコートを使用しているる**ので傷付きにくくなっています。高いボールペンって焼付塗装が施されていて、筆箱に入れておくと塗装がはがれてしまうものが多いんですけれども、こちらのペンは表面に着いた傷を勝手に修復してくれるコーティングが施されています。このコーティングは二〇一九年の限定色だけです。

流れるような流線型のボディが美しいですね。**宝石のような**

▶

回転してペン先を出す際に、スムーズに動作するようにゴムパッキンが付いている。

滑りにくい塗装で、ペンの先端の方で握る人にも対応。

パイロットの「アクロドライブ」は、少し回すだけで勝手に回ってくれるのがうれしいポイント。

海外からの要望も多かった、G2規格に対応したインクが登場。

装飾は除かれていました。ジェットストリームで宝石が付いていないのは、発売当時はこのモデルだけです。高級なモデルということで、書きやすさというよりは、書き味にフォーカスを当てたモデルだなっていうのがわかりますね。

　ジェットストリームのインクは海外でも人気の高いインクです。海外のボールペンはG2規格（通称「パーカータイプ」）と呼ばれる金属リフィルが主流なんですけれども、そのニーズを満たすために、**二〇一八年にG2規格に対応したジェットストリーム　回転繰り出し式シングルが誕生**しました。それによってカヴェコ スペシャルのボールペンやロットリング600にもジェットストリームインクを入れることができるようになったということで、海外の人は大喜びしたのではないでしょうか。

　回転のしやすさは普通くらいです。**勝手に外れないようにゴムパッキンが付いています。**パイロットのアクロドライブの方が回し心地がいいです。**アクロドライブは、リフィルをしまうときに少し回すだけで勝手に回ってくれます。**ジェットストリームは勝手に回ってくれなくて中途半端な位置で止まることもあるので、回転の機構に関してはアクロドライブの方が優れています。

　ペンの先端の方で握る人にも対応できるように、すべらないような塗装がされています。普通だったらこんなところまで配慮できないですよね。安定のなめらかな書き味です。インクだけではなく、軸もかなりいいです。自分が持っているボールペンの中では間違いなく1番書き味がいいですね。世界に向けて勝負を挑んだ「本物の」ボールペンでした。

22 ステンレスの質感がかっこいい超多機能ボールペン

ステンレス鋼EDCの引き込み式のボールペン・ペンポータブル繊細な署名ペンボールペンペン（銀色）／（メーカー不明）

Amazonでいろいろと文房具を漁っていると、たまによくわからない中国のとんでもない筆記具が出てきます。今回はとてつもなく長い上に日本語も意味がわからない名前のペンペンちゃん、不安と期待を胸に開封していきました。

パカッと中を開けますと取扱説明書が入っていました。タングステン鋼の攻撃ヘッド、香水瓶、爪やすり、ドライバー、栓抜き、ボールペンが使えるそうです。なんとこちら、**攻撃できるボールペン**だそうです。

書けるだけじゃなくて、攻撃力も備え付けた超ハイテクボールペンということですね。

果たしてどういうことなのか、実際に詳しく見ていこうと思います。

ボディは**全体にむき出しのステンレス**が使われています。光に当たったときの金属光沢がたまらなくかっこいいです。まず持ってみて最初に思ったことは、めちゃくちゃ重たいです。実際に重さを測ってみました。約43・3gですね。

それではこちらのボールペンの機能についてひとつひとつ紹介していこうと思います。

まずひとつ目はタングステン鋼の攻撃ヘッドです。説明書には攻撃ヘッドと書かれていたんですけれども、実際には車が水

少し粗めなローレット加工が施されたクリップは、爪やすりとして使用可能。

むき出しのステンレス製で、金属光沢がたまらなくかっこいい。通常筆記具に使われるアルミよりも約3倍も重い。約43・3gと重量級。ペン先を出したときの全長は149㎜。一般的な長さのペンと比べると、かなりの長さ。

クリップを少し下げて、少しひねると芯が出る、引き込み式のボールペン。

に浸かってドアが開かなくなったとき、これを使ってガラスを割るみたいなシーンで使うんじゃないかなと思います。

続いての機能は**香水瓶**ですね。この攻撃ヘッドを開けていきますと、香水瓶が入っています。これも正直使うのかかっていう機能ですよね。

続いては**爪やすり**です。どこに爪やすりがあるのかというと、少し粗めなローレット[※1]加工が施されたクリップですね。

続いて、本題のボールペンの機能について見ていきましょう。通常のペンとは異なり、クリップを少し下げて少しくっとひねると芯が出ました。ちょっと変わった方式のボールペンですね。ただ困ったことに、**クリップと指が当たるところが若干とがっている**ので、何回か出し入れをしていると指が痛くなってしまいました。

これが最後の機能になるんですが、**ドライバーと栓抜き**ですね。ボールペンの先端の口金を開けてリフィルを取り出すと6角形の穴になります。そこに6角形の形をしたドライバーを差し込むだけという単純な構造です。

最初は、どうしてグリップが5角形になっているのかなと思っていたんですけれども、ドライバーを回すために5角形になっているんだなということに気付きました。プラスドライバーの方は栓抜きも一緒に付いていました。マイナスドライバーの方はキーホルダーのリングが一緒に付いていたんですけれども、それを付けたままだと入れることができませんでした。

最後に機能についてまとめておさらいしていきましょう。

タングステン鋼の攻撃ヘッド／中を開けると使い道のわからない香水瓶／爪やすり／芯を出すのがいちいち痛くなるボールペン／栓抜き／プラスドライバー／マイナスドライバー

以上の7つの機能が搭載された超多機能なボールペンでした。

タングステン鋼の攻撃ヘッドを開けたところにあるのは、約0.5ccの香水瓶とゴムパッキン。

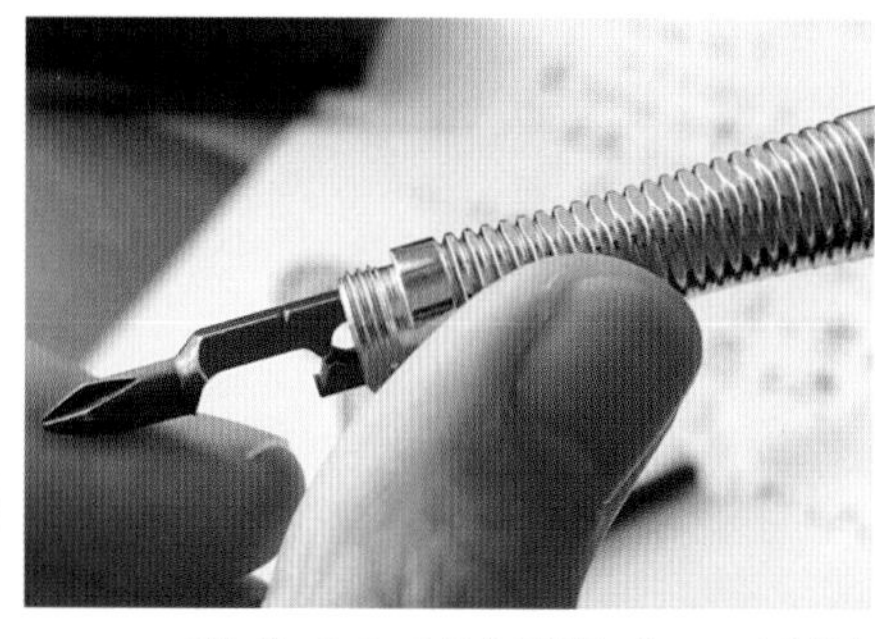

ボールペンの口金を開けてリフィルを取り出すと、6角形の穴が出現するので、そこにドライバーを差し込んで使用する。

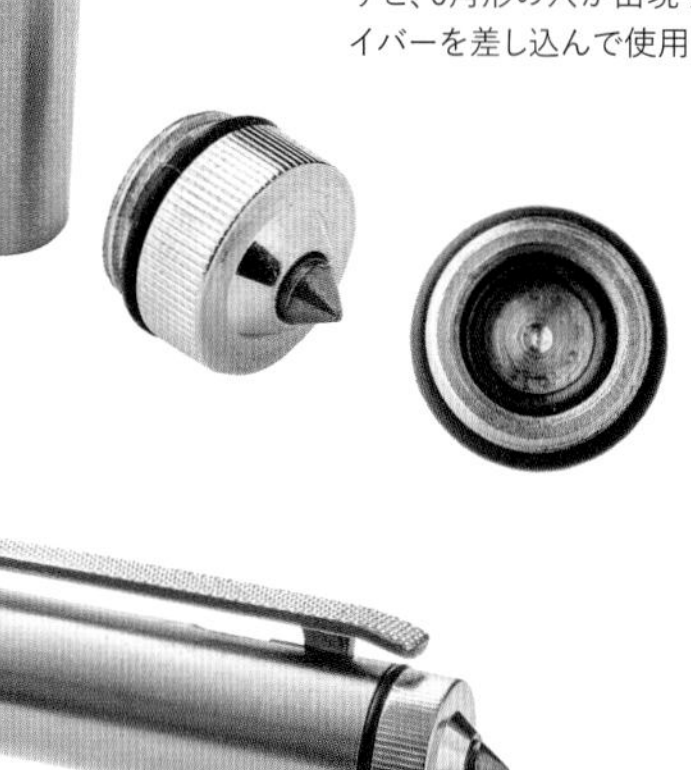

タングステン鋼の攻撃ヘッドが付いた、攻撃できるボールペン。ほかにもドライバーや栓抜きなど、使い方いろいろ。

※1　ローレット加工：金属に施す細かい凹凸状の加工のこと。滑り止めの効果が期待できる。

23 ツールとして使いやすいように設計されたボールペン

ツールヘックス／IWI

マットブラックに仕上げられた口金とキャップがかっこいい。ボディは転がりにくく、使い勝手のよい6角形。

無駄な装飾がなく洗練されたボディ。アルマイト加工による金属特有の輝きが美しい。

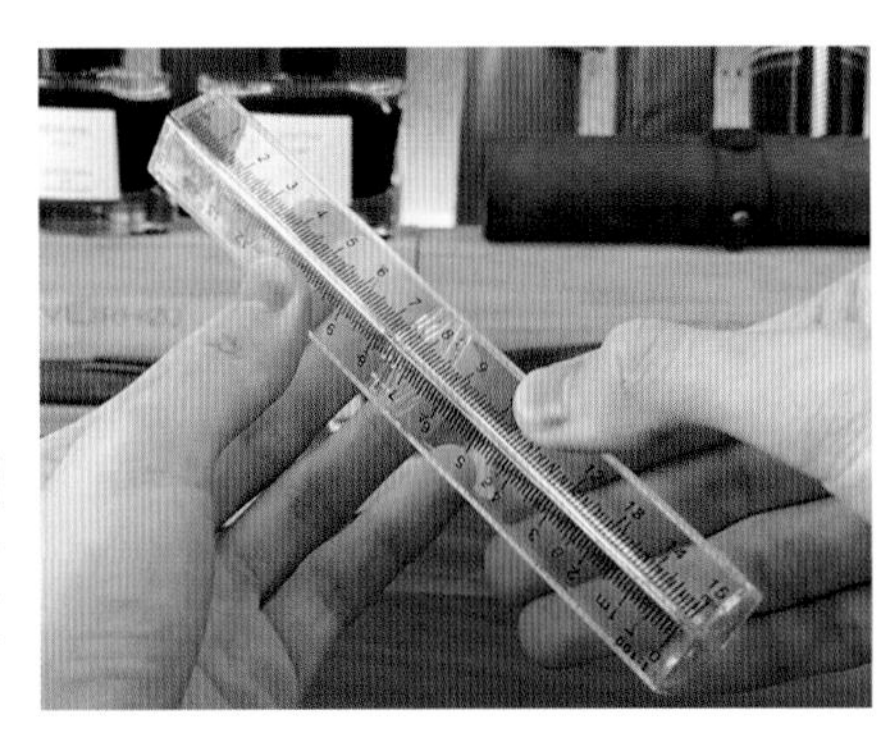

遊び心のあるケースは、4種類のメモリが用意された台形の定規型。

台湾の筆記具ブランド・IWIさんからツールヘックスというボールペンをいただいたので、忖度することなくレビューしていこうと思います。

こちらのペンについて結論から申し上げますと「めっちゃいい」です。普段から、企業さんからいただいたからと言って忖度することなく正直な感想をレビューしているんですけれども、悔しいほど実用的で、書きやすいボールペンでした。

まずこちらのペンですが、**ケースが独特**ですよね。ツールヘックスという名前の通り、ツールとしても使用可能な台形の定規になっていて、4種類のメモリが用意されています。

センチとインチ単位の定規があるんですけれども、100分の1、50分の1㎝単位は使うのでしょうか？ 無理やり感は否めませんが、パッケージから遊び心がありますよね。

ボディの素材はアルミでできています。表面にはアルマイト加工が施されており、金属特有の輝きが美しいですよね。

転がりにくい6角形ボディとなっており、無駄な装飾のない洗練されたボディとアルミの上品な質感が相まって、1100円とは思えない上質さを感じられました。

男性だけじゃなく女性でも使

えるように、計10種類のカラーがラインアップされています。

スタイリッシュで洗練されたボディですが、どこか台湾らしさを感じられるのがＩＷＩのボールペン。ドイツや日本のデザインでは見ることのできない独特な雰囲気が、台湾文具の魅力とも言えますよね。

ノック感は柔らかい感じですが、クリック感があって、くせになります。

ペン先を出した状態での全長は145㎜、軸の直径は10㎜から11㎜となっていて一般的なサイズ感です。質量は20・8g。重心の位置は先端から63㎜となっていて、思った以上に低重心設計でした。

分解をしてみると、**G2規格の樹脂リフィル**が使われていました。最初に入っているのは水性インクですが、三菱鉛筆のジェットストリームという油性インクも入りました。これはありがたいですね。

まず書いてみて思ったのが「**え、これは書きやすい**」ですね。水性のインクですが、なめらかで発色もよく、日本人にとって丁度いい0・5㎜という太さなので、ノートを取るのにも向いているかなと思いました。

最後によい点と気になった点を。よい点は、次の6つです。①ガシガシ素早く筆記ができる、②1100円とは思えないアルミの上質な質感、③シンプルで洗練されたかっこいいデザイン、④なめらかで発色がよいゲルインク、⑤太すぎず細すぎず、丁度いい0・5㎜のインク、⑥リフィルがG2規格だから、他社の好きなインクを使える。

そして気になった点は次の4つ。①僅かな傷がちらほら最初からついている、②ペン先のガタつきが大きい、③クリップがないので、人によっては不便、④ＩＷＩの純正の替えリフィルが文房具屋さんではまず売ってないから、手軽に入手しづらい。

以上、ツールヘックスのレビューでした。

G2規格のリフィルと互換性がある。

やわらかい感じながらクリック感があって、くせになる使い心地。

真鍮のようなずっしりとしたパーツを使った口金で低重心のため、書き心地はかなりいい。口金が長めなので視界はgood。

24 万年筆のようななめらかな書き心地をボールペンで

ローラーボール／カキモリ

透明な軸がとにかくおしゃれ。樹脂でできているのに安っぽさを感じない。キャップには控えめにkakimoriのロゴがある。

カヌレという色のインクは緑とこげ茶色を合わせたような色。書いてみると薄いこげ茶色という感じでなかなかいい色。

ボールペンのキャップ、ボディ、ペン先を外してコンバーターを取り出し、直接インクボトルに浸して充填させる。

万年筆のボトルインクで書けるボールペンを紹介していこうと思います。せっかくなので、**カヌレという色のインク**も一緒に購入しました。中には小さいカップと、スポイトも一緒に入っていました。自分は**透明な軸のペンをあんまり持っていなかったので、少し新鮮な気分です。**

　では、インクを入れていこうと思います。[※1]**コンバーターに直接インクを入れる方式**となっていまして、いつもの万年筆の入れ方とは違っているので注意してください。数分でペン先までインクが浸透するので、あとは挿すだけでボールペンが使えます。

　インクの粘度の関係で、カキモリの純正のインクを使うことを推奨しています。色が多種類あり、自分の好きなインクを使えるのがうれしいですね。無限大の選択肢があるボールペンということで、インク選びも楽しめるんじゃないかなと思います。ただ、ペンの完全洗浄が難しいので、1本につき1色のインクを使うのが推奨されているそうです。例えば暗い色を使った後に明るい色を使おうとすると、混ざって変な色になってしまうかもしれないとのことです。

▶ 

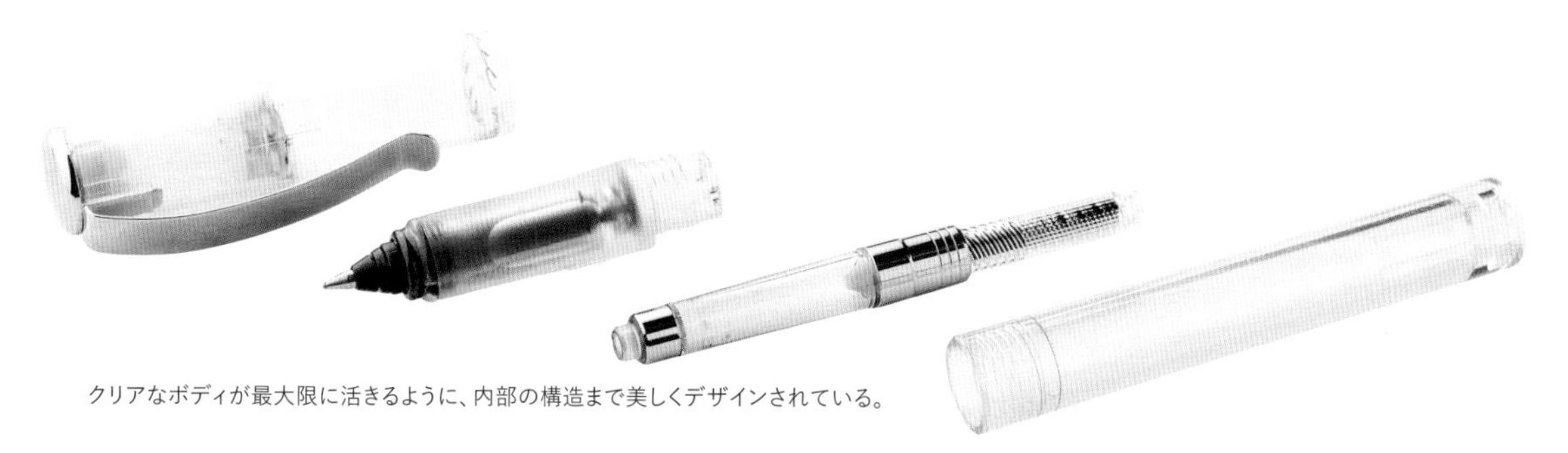

クリアなボディが最大限に活きるように、内部の構造まで美しくデザインされている。

美しいインク瓶は、机の上で観賞用に。

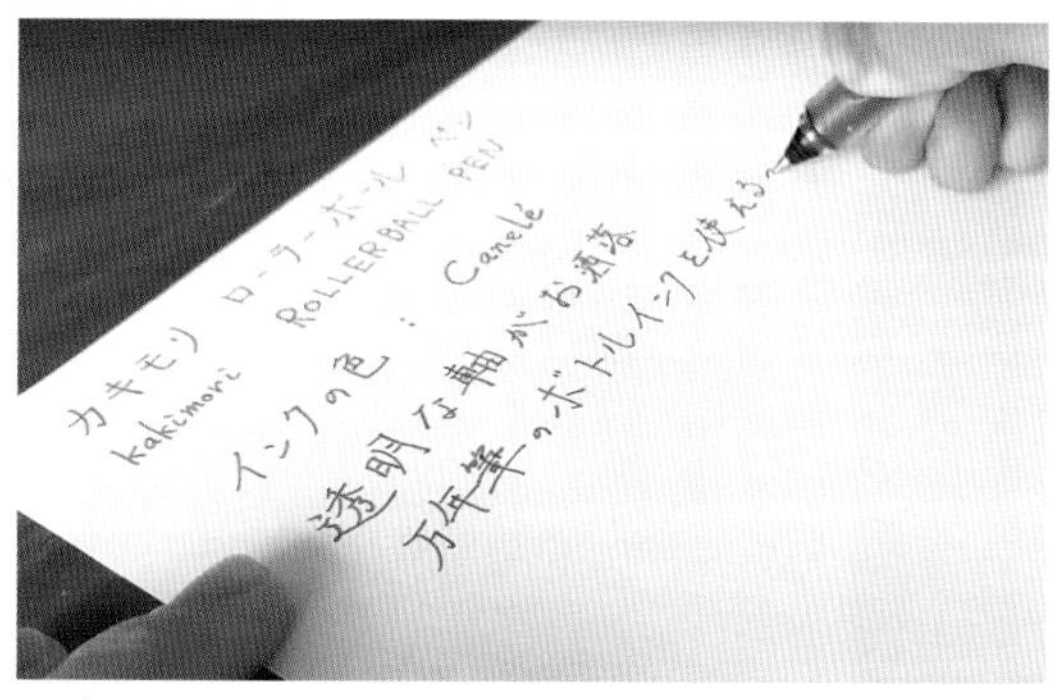

びっくりするほどなめらかな書き心地。水性ボールペンとは異なる、万年筆に似た書き心地で書くのが楽しくなる。

書いてみてびっくりしたんですけれども、**すごいなめらかな書き心地なんです**よね。立てて書くとカリカリとした引っ掛かりを感じるんですけれども、寝かせて書くと、まるで万年筆で書いているかのよう。ただ、万年筆ほどなめらかというわけではないですね。ボールペンっていう感じがせず、万年筆の書き心地に似たボールペンとなっていて、書いていて楽しいです。

線の太さは、自分が今回購入した0・5㎜と、0・7㎜の2種類があります。自分が書いている0・5㎜でも思ったよりも太い線になるなといった感じなので、たぶん0・7㎜だと文字を書くには太すぎるかなと感じました。こちらのペンは、万年筆は外で使いにくいけど、自分の好きなボトルインクで書きたいという方におすすめできますね。

軸だけだと2200円で買えるので、デザインとか書き心地の割には高くないなと思いました。ボトルインクは1760円と、小さいながらにしてはちょっと高いかなと感じるんですが、カキモリオリジナルでこだわった顔料インクとなっていて、**ボトルのデザインも好きなので、これから机の上に飾っていこうかなと思います。**

自分はオンラインストアで買って送料が650円したので、全部合わせると4610円しました。ボトルとペンを一緒に買うとちょっといいお買い物っていう感じですよね。公式のオンラインストア以外では取り扱いがないようです。

こちらのペンは、万年筆のようにインクが乾燥しやすいので、毎日1文字だけでも書いてあげるっていうお手入れをしていきましょう。そういう不完全なところも、このペンのかわいいところかなと思います。

※1　コンバーター：瓶に入ったインクを吸い上げてペンにセットする部品。

25 不朽の名作 重厚感のある完璧な木軸ボールペン

2000 ブラックウッド／ラミー

軸の大部分に使われているアフリカンブラックウッド。遠目から見ると真っ黒だが、近くで見ると縦方向に縞々の木目が入っているのがわかる。

重量は34.3g。ぎっしりと中身が詰まっているような印象を受ける重さのある本体。マットな質感が重厚感を引き立てる。一般的なラミー2000はヘアライン加工仕上げ（※1）だが、木軸モデルは金属パーツに上品なパラジュームコートが施されている。

ずっしりしていて、慣れるまでは重く感じるかも。先端がグラつかない安定した書き味はさすが。

ようやく購入しました、ラミー2000。不朽の名作と呼ばれるほど世界的にも有名なペンですし、自分もずっと気になっていたんですけれども、ようやく買うことができました。

今回購入したのは、ラミー2000ブラックウッドのボールペンです。定価は22000円です。「いいもの感」というのがひしひしと伝わってくる、テンションの上がるボールペンです。まず持ってみての第一印象ですが、思った以上にずっしりとしていますね。自分は重くて重厚感のあるペンが好きなので、これは確実にお気に入りのボールペンになるなと一瞬で感じました。

ラミー2000は、発売から55年もの歳月が経過しているんですけれども、発売当初からほとんどデザインに変更を加えずに販売されている、歴史の長いシリーズです。ラミー2000の名前の由来は、一九六五年の発売時に「二〇〇〇年になっても色褪せないような筆記具」をテーマに制作したからだそうです。**無駄な装飾がなにひとつない、究極のデザイン**ですよね。

ブラックウッドの特長として、極めて硬い木材というのが挙げられます。金属と同じ方法で加

▶

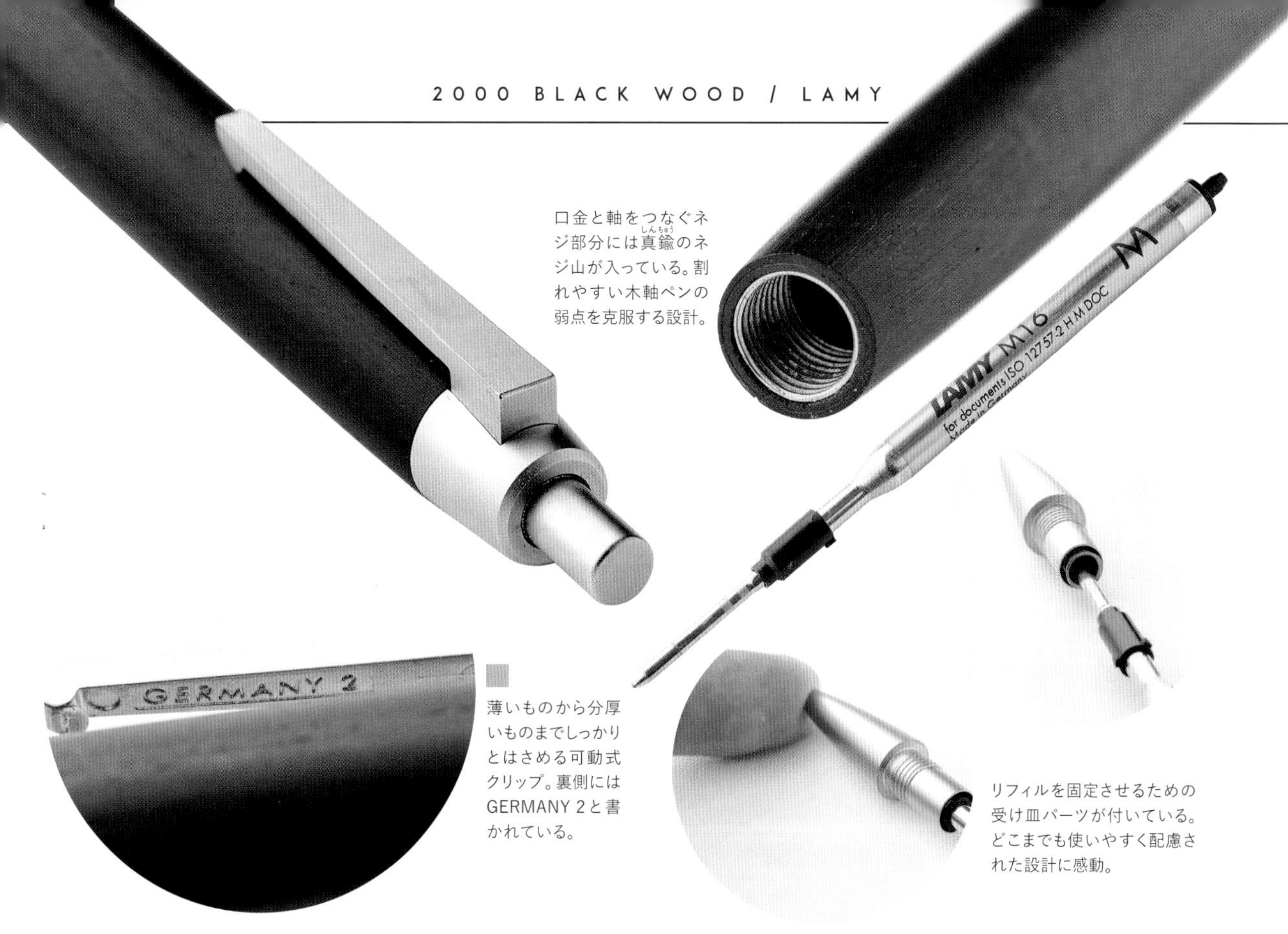

口金と軸をつなぐネジ部分には真鍮（しんちゅう）のネジ山が入っている。割れやすい木軸ペンの弱点を克服する設計。

薄いものから分厚いものまでしっかりとはさめる可動式クリップ。裏側にはGERMANY 2と書かれている。

リフィルを固定させるための受け皿パーツが付いている。どこまでも使いやすく配慮された設計に感動。

工することもあるほど硬いということなんですよね。それからぎっちりと目が詰まっているので、水に沈むほど密度の高い木材です。はじめて触る方にとっては、かなりずっしり感じると思います。また、油分が多く含まれているので買ったばかりでもしっとりとした触り心地でした。

段差のない流線型の丸みを帯びた美しいボディ。それと対比するように**エッジの効いた鋭いクリップによって、引き締まった印象を与えています**。文句の付けどころのない素晴らしいデザインです。

ノック感はちょっと硬めな感じですね。書いてみると、ずっしりしているわりに取り回しがしやすいなと感じました。見た目だけじゃなく、書き心地にも重厚感を感じます。軽いペンみたいにガシガシと素早く筆記できるわけじゃないんですけれども、自分みたいに**文字を書くのを楽しみたいと考えている方におすすめできるボールペン**です。ブラックウッドは繊維が詰まっているので、これから出てくる艶とかも楽しみですね。

よい点をまとめると、①ラミーの歴史的な1本を楽しむことができる、②永遠に色褪せることのない完成されたデザインだから、何十年も気に入って使える、③最高の質感、④最高の書き心地、⑤ずっしりしているから所有欲が満たされる、⑥分厚いものも余裕ではさめる可動式クリップ、⑦経年変化を楽しむことができる、です。

気になった点は、①高額（値段以上の満足感は得られた）、②ボールペンのみのラインアップ。ペンシルや4色ペンなどもほしかった、③ブラックウッドの割れる心配。

大切に使っていれば、飽きることなく長い間使っていけるような、満足度の高い1本だと思います。自分にとっては、「相棒」と呼べるようなボールペンです。

※1　ヘアライン加工：金属の表面処理加工の1つ。表面に細やかな縦線を入れてツヤを消す。装飾の仕上げなどに使われる。

26 大好きなアクロインキ搭載 超・低重心で書きやすい

アクロ1000／パイロット

美しく上品な雰囲気がありながら、実用性を兼ね備えたバランスのよいモデル。

真鍮が使われ、ずっしりとした質感のグリップ。

アクロインキ採用。なめらかな書き心地かつ、かすれがなく発色がいいのが特長。ラインアップの豊富なBRFV−10Fリフィル。0.3、0.5、0.7、1.0の4種類の太さに、黒・赤・青の3色が展開されている。

ロフトの試し書きで、ひとめぼれをして買ってしまったのですが、書きやすくて指に衝撃が走りました。実用的でおしゃれなデザインのボールペンをお探しの方の参考になればうれしいです。

ご紹介するのは、パイロットのアクロ1000。**メタリックブラウンというカラー**ですね。1100円でした。こちらのボールペンには自分が大好きな**アクロインキが採用**されています。アクロインキは、従来に比べて粘度を5分の1にした油性インクで、なめらかに書けるうえに、水性インクなのかと錯覚するほどかすれが少なく発色がよいのが特長です。パイロットを代表する油性インクと言っても過言ではありません。個人的には、爆発的な大ヒットとなった三菱鉛筆のジェットストリームインクを追い越すほどのクオリティだと思っています。

このボールペンはボディもすごいんですよね。**グリップには真鍮**が使われていて、ずっしりとしています。一方、軸の上部には樹脂が使われているため、**先端に重さが集中している低重心設計**。なめらかで発色がよく、低重心設計なので書きやすい。実用的なボールペンの条件がすべてそろってしまいました。

メタリックブラウンは、濃いめのシャンパンゴールドといった感じの色合い。スリムでスタイリッシュなフォルムなので、おしゃれな大人が使っていそうな印象を受けますよね。年齢も関係なく、男女も問わず使えるデザイン性も魅力です。

ノックキャップはかなり細めで、**クリップは柔らかいはさみ心地です**。1番膨らんだグリップの直径は9・8㎜。徐々にグリップが太くなっているので、スリムな見た目以上にがっしりと握れるボディでした。マット塗装のグリップはサラサラとした感じで少し滑りやすかったです。そこだけはこのペンの欠点かなと思いました。

アクロ1000のインクの太さは、0・5㎜と0・7㎜の展開となっています。太さによって軸の色が決まっていますが、軸にサイズが書かれているわけではないので、インクを買い換えるときに好きな太さを買ってあげればOKです。印象としては細かくノートに書きたいときは0・5㎜、文字の大きさを気にせずに書きたいときは0・7㎜がおすすめかなと思います。

先端のグラつきがほんの少しだけあったんですけれども、書いていて全然気にならなかったですね。**先端パーツが金属でできているので、書き味もなめらかになっています**。先端パーツを樹脂にしてしまうと、どうしても書き味が安っぽくなってしまうんですよね。インクももちろん大事ですが軸の素材も大きく影響してくるので、書き味のいいボールペンを探している方は、しっかりと確認していただければと思います。

「とにかく書きやすくて上品なボールペン」を作るとこんな風になるんですね。1100円なのにビジネスマンが使っていても違和感がなく、格上げしてくれるようなボールペンでした。

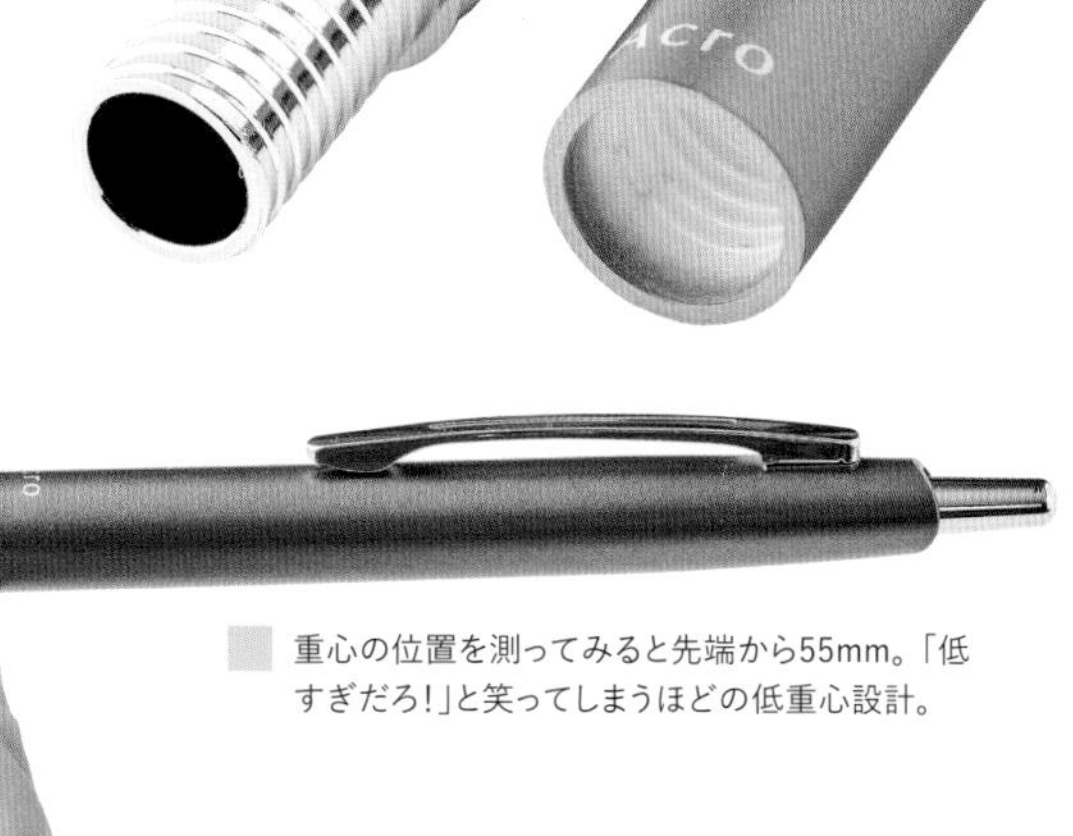

クリップは真ん中に穴が開いており、やわらかいはさみ心地。

軸の上部は樹脂製で軽く、下部は真鍮で先端に重さが集中することで低重心設計になっている。金属と樹脂という異なる素材でありながら、同じ素材と錯覚するほど統一感のある見た目。

重心の位置を測ってみると先端から55mm。「低すぎだろ!」と笑ってしまうほどの低重心設計。

27 振動のない抜群の安定感で想像以上の書き心地

スティルフォームペン／スティルフォーム

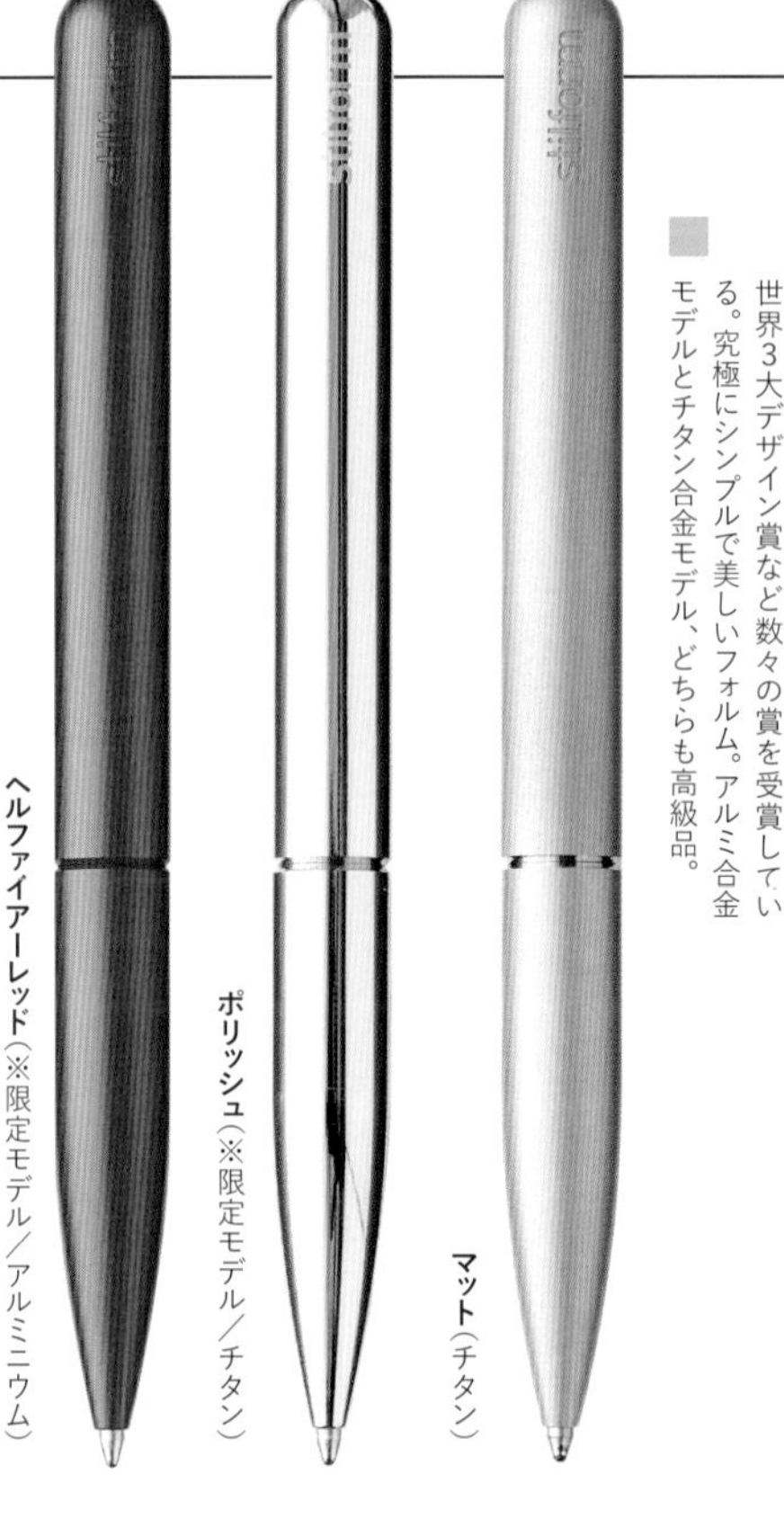

黄金比に基づいたスタイリッシュなデザインで、世界3大デザイン賞など数々の賞を受賞している。究極にシンプルで美しいフォルム。アルミ合金モデルとチタン合金モデル、どちらも高級品。

マット（チタン）

ポリッシュ（※限定モデル／チタン）

ヘルファイアーレッド（※限定モデル／アルミニウム）

スライドしたときの音や感触にこだわりが感じられ、思わず動かしたくなる心地よさ。

ナイトスカイ（アルミニウム）

ドイツのスティルフォームから、究極にシンプルなボールペンをいただきました。素材違いの2本を比較しながら紹介していこうと思います。

アルミニウムは5種類のカラーがあり、自分はナイトスカイを選んでみました。値段は13200円から。続いてチタニウムペンです。値段は24200円からです。**チタンのカラーは現在はマットのみ**ですね。2本ともかなり高額なボールペンですが、使ってみるとほかとはひと味ふた味違うボールペンです。「仕事のおともとしてこだわりのボールペンを持っておきたい」という方におすすめします。

1番の特長は**ノックボタンがなくスライド式**だということ。内部には強力なネオジウム磁石が入っているので、カチッという感覚がすごく気持ちいいです。ただ、ほかのものにくっついてしまうので、たくさんのペンと一緒に使うのには向いていないかなと思いました。

重量はアルミが27・4g、チタンは39・4gとなっていて、チタンは重くなっています。筆記具にチタンが使われるのは珍

▶ 

バネが内蔵されており、キャップを外すときは少し回すだけで簡単にキャップが浮いてくれる仕組み。

G2規格のリフィルが使われていて、他社製のインクとの汎用性が高い。

チタンの表面加工は引っかかりが強め。

内部の振動やペン先のガタつきがなく、安定感がある抜群の書き心地。

しいんですよね。チタンは強度が高くて傷付きにくく、さびにくいのが特長です。くびれた部分にも磨き上げられたチタンが使われていて、ガンメタルのような暗めの色合い。チタンを贅沢にボディ全体に使ったボールペンは、〝無駄な頑丈さ〟があり、男のロマンみたいな感じがしますよね。

　スティルフォームは、世界3大デザイン賞といわれているRed Dotデザイン賞、iFデザイン賞を受賞しています。黄金比に基づいた設計がされており、塗装も丁寧です。ペンの後ろの方は丸っこく、軸は直線的な形状で、先端にいくにつれて緩やかに細くなっています。一般的なペンと比べると短めで、軸径は若干太めという印象を受けました。

　チタンとアルミでは触り心地も違い、**チタンは滑り止めが効いたような引っかかりが強めな触り心地**。アルミは酸化を防止するためのアルマイト加工が施されているので、ツルツルとした触り心地になっています。

　クリップは別売りです。磁力が働くと勝手に転がってしまうのでクリップはありがたいですが、個人的にはクリップを付けていないデザインの方がスッキリとしていて好きですね。中には**G2規格のリフィルが入っており**、他社製の好きなインクを使用することができます。

　実際に書いてみると、**安定感が半端ない**ですね。スライド式なので、部品同士の間隔を極限まで狭くすることができ、内部の振動はまったく感じません。ペン先のガタつきもほとんどありませんし、インクもなめらかですけれども、気になったのはダマができやすいことです。ダマができるのが苦手な方は、ジェットストリームのインクに変えてみるといいと思います。

28 芸術作品のような圧倒的存在感 台湾製ボールペン

ブラッシングローラーボールペン、ヤキハクローラーボールペン／ワイスタジオ

雲の上を飛ぶドラゴンのような模様ということから「雲竜箔」と名付けられた。

ブラッシングローラーボールペンには紙やすりが付属し、自分で塗装をはがしてオリジナル商品に仕上げられる。

マットブラック（左）、雲竜箔（右）の2種類。どちらも個性的で異なる美しさが楽しめる。

ワイスタジオさんからご連絡があり、ラインアップの中から好きなものをどうぞということでしたので、せっかくならエグイものをということでセレクトしました。木製の化粧箱からしてただ者じゃないようなオーラを感じますよね。

まずはブラッシングローラーボールペンという、**マットブラックの塗装と真鍮でできたボールペン**です。6角形のボディはかなりシンプル。グリップの部分はむき出しの真鍮が使われているので、握ると金属の匂いが付くかなっていうのはあるんですけれども、くすんでいく表情を楽しめると思います。面白いことに**紙やすりが付属していて、自分でブラック塗装をはがして味わいを出すことが可能**です。

もう1本はヤキハクローラーボールペンです。先ほどのブラッシングローラーボールペンと同じ形状ですが、美しい模様となっています。実際に見てみると風格を感じます。楽芸工房という伝統的な京都の箔屋さんとコラボしたボールペンで、**銀箔を焼いて模様を作り出している**そうです。純銀を硫黄と反応さ

▶ 

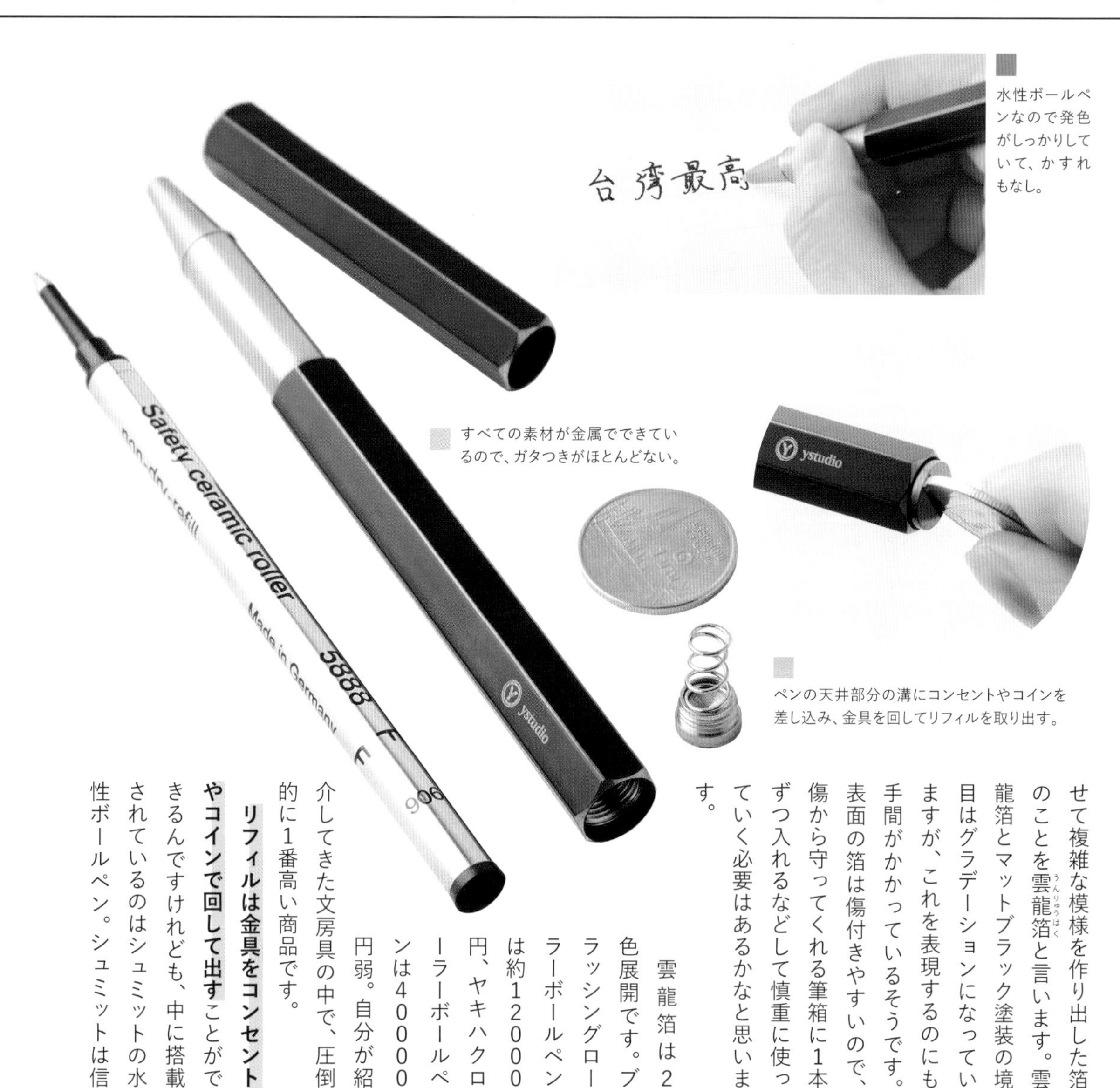

水性ボールペンなので発色がしっかりしていて、かすれもなし。

すべての素材が金属でできているので、ガタつきがほとんどない。

ペンの天井部分の溝にコンセントやコインを差し込み、金具を回してリフィルを取り出す。

せて複雑な模様を作り出した箔のことを雲龍箔（うんりゅうはく）と言います。雲龍箔とマットブラック塗装の境目はグラデーションになっていますが、これを表現するのにも手間がかかっているそうです。表面の箔は傷付きやすいので、傷から守ってくれる筆箱に1本ずつ入れるなどして慎重に使っていく必要はあるかなと思います。

雲龍箔は2色展開です。ブラッシングローラーボールペンは約12000円、ヤキハクローラーボールペンは40000円弱。自分が紹介してきた文房具の中で、圧倒的に1番高い商品です。

リフィルは金具をコンセントやコインで回して出すことができるんですけれども、中に搭載されているのはシュミットの水性ボールペン。シュミットは信頼されているドイツのメーカーなので品質面では安心できるかなと思います。ペン先のガタつきはありません。内部でリフィルが固定されているような感じですごく安定しています。このガタつきの少なさには正直驚かされました。

ボディからリフィルまですべて金属でできているので、金属感が手に伝わってきます。真鍮のボディはずっしりとした感触。軸の後ろの方が太くなっているので重心が結構高めな位置にありますね。全長が短く取り回しは良好なんですけれども、重いペンなので長時間筆記には向かないかなと思います。書いてみると、すごく書きやすいというわけではないんですけれども、**安定感があり、発色もしっかりとしていて、かすれもないのでストレスなく快適**に書くことができました。

デザインと書き心地の両方が楽しめる、台湾の素晴らしい芸術作品だと思います。

29 魅力的な限定色 8角形のシンプルボディがおしゃれ

スペシャルブルーボールペン／カヴェコ

カヴェコ スペシャルブルーリミテッドエディション（現在では完売済）を海外から取り寄せました。レトロな缶ケースに入っています。0・5㎜のシャーペン（P34）を持っているので、カヴェコスペシャルは2本目になります。

ブルーのボールペンで数量限定色。300本しか日本に入荷していないそうです。値段は7700円、通常色のブラックは5500円です。高価ですが、この限定色の色合いにはそれだけの価値があります。シャイニーシルバーという廃番カラーの面影が、口金とキャップの部分に残っていますね。ブルーの色合いは紺色に近いです。**正面から見ると艶消し、斜めから見るとツルツルとした感じ**に見えます。

口金の中にバネが入っていていました。筆記を安定してくれるパーツです。[※1]ISOが定める**G2規格の金属リフィルが搭載**されています。ひとつ880円もするめちゃくちゃ高いリフィルですが、パーカー、ロットリング、ステッドラー、ジェットストリームなどにも採用されているので、自分の好きなインクを使用できます。インクの選択

紺色に近いブルーの色合いがめちゃくちゃおしゃれ。ボールペンは300本しか日本に入荷していないそう。

キャップの天冠部分には象嵌のロゴマークがはめ込まれている。

口金のバネが筆記を安定させる。

書き味はなめらかで十分なクオリティ。

薄いアルミ製の美しい8角形の軸。

海外で主流のG2規格の金属リフィル。カヴェコ、パーカー、ロットリング、ステッドラー、ジェットストリームで採用されている。

正面から見ると艶消しだが、斜めから見るとツルツルとしたメタリック感があり面白い。

別売りのクリップがよく似合う。個人的にはクリップを付けたデザインの方が好き。

肢が広がるのはありがたいですね。軸は薄いアルミでできています。**直線的な8角形のシンプルなボディが特長的です。**キャップの形状も独特で、**天冠の部分には象嵌※2でロゴマークがはめ込まれ、凝った作りになっています。**ノック感はしっかりとして心地がいいですね。

個人的に驚いたのが、ボールペンとシャーペンで見た目の形状がかなり違うことです。シャーペンのロゴは芯径の「0・5」が筆記体ですが、ボールペンでは「BP」が筆記体ではありません。また、ボールペンの方がモダンな印象で、少し口金が長くなっています。決定的な違いはキャップの首の長さですね。ボールペンはノック時にストロークが長くなるので首が長くなっています。あと、後ろのほうにボールペンの機構が搭載されているので、重心の位置がシャーペンと比べて後ろになっています。重量も約5g重いです。シャーペンは軽くて低重心で書きやすいんですけれども、ボールペンも同じだろうと購入してしまうと、期待とは違うかもしれないので注意していただければと思います。

書き味は、**インクはなめらかでかすれも少ないので、十分満足できるクオリティだと思います。**先端のガタつきは少ないほうで、書いていてストレスになることはなかったです。

ただちょっと気になったのが、ペン内部の振動ですね。キャップもしくはボールペンの機構が書いているときにわずかに振動しているような感じがします。

クリップは別売りですが、ブルーはクリップがすごく似合います。

書きやすさは、シャーペンが書きやすすぎてそれに比べると劣るかなといった印象を受けました。軸は握りやすいです。ボールペンは書きやすさというより、書き味が優れていると思います。

※1　ISO：国際標準化機構。さまざまな世界標準規格を発行し、品質や安全性、生産性の向上を図ることを目的としている。
※2　象嵌（ぞうがん）：地の素材に異素材をはめ込む工芸技法。

30 旧型から書き味も進化 見た目の高級感もお気に入り

サラサグランド　ブラウングレー／ゼブラ

マットな軸にゴールドメッキが施された金具が付いたブラウングレー。重厚感と高級感を演出している。

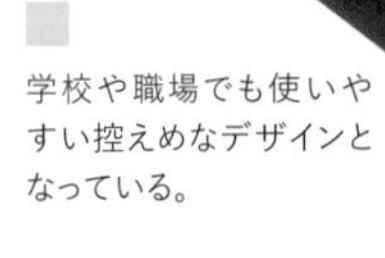

学校や職場でも使いやすい控えめなデザインとなっている。

新しいモデルはバネが内部でくっついているので、なくしてしまう心配がない。

ゼブラから新しく登場したサラサグランド　ビンテージカラーのブラウングレーを紹介していこうと思います。

サラサグランドというのは、従来の110円で買えるサラサクリップの高級モデルです。値段は1100円。真鍮（しんちゅう）が軸に使われていて随所にこだわりが感じられるので、自分のような文房具にこだわる人にとってたまらないペンとなっています。ブラウングレーは**マットな軸にゴールドメッキが施された金具が付いています**。ゴールドメッキはペンの上部のみの控えめな配色なので、学校や職場でも使いやすいデザインです。サラサグランドの旧型は艶がある塗装だったんですけれども、**ビンテージカラーでは艶消しの塗装に変わりました**。

ほかにも改良されたポイントがいくつかあります。まずは、従来のグランドはバネを取り外すことができたんですけれども、**新しいモデルはバネが内部でくっついてます**。

また、グリップと軸をクロスして使うことができ、旧型と互換性がありました。

ノックをしたときの感触と音が違っていて、旧型はやや軽い感じの音がします。それに対

▶ 

ペン先は、新型（奥）の方が金属が厚くなっている。内側の樹脂が筆記に安定感を加えている。

旧型に比べてペン先が太くなっていて、視界が少し悪いが、ガタつきがなく重みのある書き味が秀逸。

ノック感は音も小さく高級感が増している。

してビンテージはちょっと**硬めなノック感になって、音も安っぽさがなく高級感がより強くなった**といった感じです。旧型との**1番の違いはペン先で、新型の方が分厚くなって迫力が増している**のがわかると思います。

そしてガタつきが5分の1くらい小さくなっているなと思いました。サラサクリップのビンテージカラーと比較しますと、比べものにならないくらい重厚感があって、ノックの音も静かになっています。

サラサクリップとサラサグランドで違うのは軸だけなので、インクは共通して使うことができるという点では魅力を感じますね。インクも88円で買えるのでだいぶ容量がありますし、ランニングコストは優れていると思いました。

書いてみて驚いたんですけれども、旧型と書き味がまったく違うものになっています。ガタつきが小さくなったという点が大きいんですけれども、**ペン先のリフィルをホールドする部分の樹脂**によって書き味が重みのある柔らかさになっていると思いました。おそらくですが、ブレン（P120）のダイレクトタッチの技術を使っているんじゃないかなと思いますね。

インクの色と軸の色は限りなく同じ色になっているんですけれども、なんとも言えない色がたまらなく自分好みです。

マットな軸にゴールドのメッキ塗装がとても似合うペンで、ほかのビンテージカラー（全11種類）も全部集めてみたくなります。

強いてひとつだけ欠点を言うと、樹脂でホールドしてガタつきを小さくする機構を設けたために少しペン先が太くなってしまっています。そのせいでペン先の視界が旧型に比べて悪くなったと感じました。ですが、書き味がよくなって1100円とは思えないほど高級感があるので、とても気に入りました。

31

抜きんでた存在感
コンクリート素材がかっこいい

コンクリート ボールペン／ステッドラー

ステッドラーのコンクリートボールペンを紹介していこうと思います。

　コンクリートが軸に使われた**独特な見た目のボールペン**なんですけれども、存在感があってほかのボールペンとは一線を画すデザインとなっています。全体的に艶消しの質感となっていて、重厚感がありますね。34gという重さなのでペンの中ではかなり重量級なんですけれども、思ったよりは重くないかなと感じました。

　それにしてもすごくかっこいいですよね。コンクリートという素材をペンに融合させることによって、魅力的なデザインになっています。職人が手作業でコンクリートを削りだしているということで手間がかかっており、値段は3300円です。コンクリートは模様が個々で大きく異なるので、木軸のペンと同様に1本1本まったく違った表情を見せます。自分のは巣穴と呼ばれる空洞がなくて、すべべとした表面のコンクリートですね。

　ノック式ボールペンで、**天冠の部分にはコンクリートのロゴマークの象嵌**[※1]**がされています。**ノックをした感触は硬めですね。好んでノックをしたいとは正直思わない感触なんですけれども、

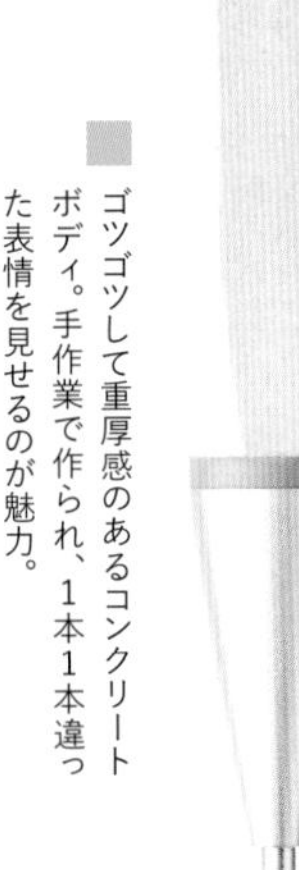

ゴツゴツして重厚感のあるコンクリートボディ。手作業で作られ、1本1本違った表情を見せるのが魅力。

ボディはいびつな6角形になっている。持ったときに1番広い面が手に寄り添うように当たる。人間に寄り添った優しいデザイン。

天冠に施されたコンクリート製のロゴマーク。細部のデザインまで凝っている。

▶ 

書き始めるときの気分のきり替えにおいては効果的なのかなと思います。クリップは薄くて長い形状です。可動式クリップではないんですけれども、**柔らかくてはさみやすいかなと思います**。ステッドラーのロゴは刻印されているのではがれませんし、メーカーロゴのみで目立たず好印象ですね。

リフィルはパーカータイプというG2規格の油性ボールペンとなっていまして、同規格の好きなインクを入れることができます。

口金とバネはくっついているのでなくしてしまうということがありません。口金と軸の接合部分は樹脂でできているので、耐久性などを考えた設計かなと思います。手作業で作られているのが持ち手の削り方に表れていて、不均一な感じがコンクリートのよさを引き出せています。**ボディはいびつな6角形**です。持ったときに1番広い面がちょうど手に寄り添うように当たります。

書いてみるとインクはめちゃくちゃいいというわけではないんですけれども、**頻繁にかすれることもなくて不自由なく使えます**。重心はやや高めですが、書きにくいということはありません。手にフィットして一体感があるのでストレスなく筆記をすることができました。口金が大きいボールペンなので、普通より1・5倍くらい大きいペンを使っているように見えます。細いペンが好きな方にはあんまり向いていないかなと思います。太軸のペンばかり使っている自分とは相性がいいですね。

コンクリートは硬いというイメージがありましたが、実際に触ってみるとやわらかい触り心地で、硬めの粘土を触っているような感覚です。使いやすさについて全然期待していなかったんですけれども、人間に寄り添った優しいデザインで、思っていた以上にクオリティの高いボールペンだと思いました。

口金とバネはくっついている。

パーカータイプとも呼ばれるG2規格のリフィル。

比較的なめらかな書き味。大きめなペンなので太軸愛用者の自分と好相性。

薄くて長めのクリップ。可動式ではないが、柔らかくてどんなものでもはさみやすい。

※1 象嵌(ぞうがん):地の素材に異素材をはめ込む工芸技法。

32 優れたデザイン スマホ立て機能メインのボールペン

スマタテペン／セキセイ

ペン上部のフックのような形の部分にスマホをはさみ込む。

スマホの端に引っ掛けて立て、逆側に栞などをはさむと並行になる。

スマホ立て部分の複雑な形状がなんともおしゃれ。

スマホ立てにもなる驚きのボールペン、ラポルタのスマタテペンを紹介していこうと思います。

　こちらのペンは値段が330円と安いのにもかかわらずインテリアとしても優れたデザインとなっていて、ぜひ1度手に取っていただきたいペンです。

　ラポルタは、セキセイ株式会社のブランドのひとつで、イタリアをテーマにしています。「ラポルタ」はイタリア語で扉を意味するんですけれども、ラポルタの製品で素敵な世界をつなぐ扉のような役割になってほしいという意味が込められているんじゃないかなと思います。

　自分が思うに、こちらのペンはボールペンよりもスマホ立ての機能がメインのボールペンだと考えています。ペンの上部の複雑な形状をしたところにスマホを置くことによって、動画などを見ることができます。真ん中にペンを置くと画面の邪魔をしてしまうので、自分はスマホの端っこで支え、そのままだと傾いてしまうので、**分厚い栞などを反対側に敷いて水平に支えています**。スマホを**立てるときの角度が絶妙**で、動画も見やすいなと感じています。

　ペンの上部にはスマホ立ての

ほかにスタイラスペン[※1]が装備されています。**スマホを操作することができる**んですけれども、このスタイラスペンは感度がよくて十分に使えるなと感じました。ただ、ペンの上部に付けられているので、クリップとかが邪魔になってスタイラスペンをどう持てばいいのか悩むなと思いました。自分の場合はスタイラスペンを使う機会がまずないので、そんなに必要ないかなと思う機能ですね。

　回転繰り出し式のボールペンとなっていて、筆記具としても使うことができます。ただ、パイロットやゼブラ、三菱鉛筆といった大手文房具メーカーのインクと比べるとなめらかではないかなと思います。かすれはあんまりなくて、なめらかじゃないのでかえってきれいに字を書くことができます。ペン先のガタつきが大きいので、そこはもう少し改善してほしいなと思います。アクロインキやジェットストリームに慣れている自分からすると、インクの性能はあんまりよくないので、メインはスマホ立てとして使い、あくまでも付属でボールペンが付いている程度で使っていくのが最適解なんじゃないかなと思います。

　イタリアをテーマとしたデザインとなっていて、おしゃれですね。ペンの上部の複雑な形状ですらおしゃれに見えてしまうのが、デザイン性の高さを表していると思います。

　ペンの上部の色は赤だけでなく計8種類ラインアップされているので、気になる方はチェックしてみてください。

スマホを立てた角度が絶妙で、動画なども見やすい。

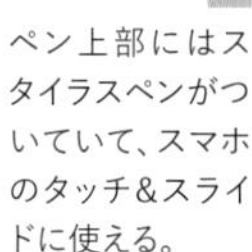

ペン上部にはスタイラスペンがついていて、スマホのタッチ＆スライドに使える。

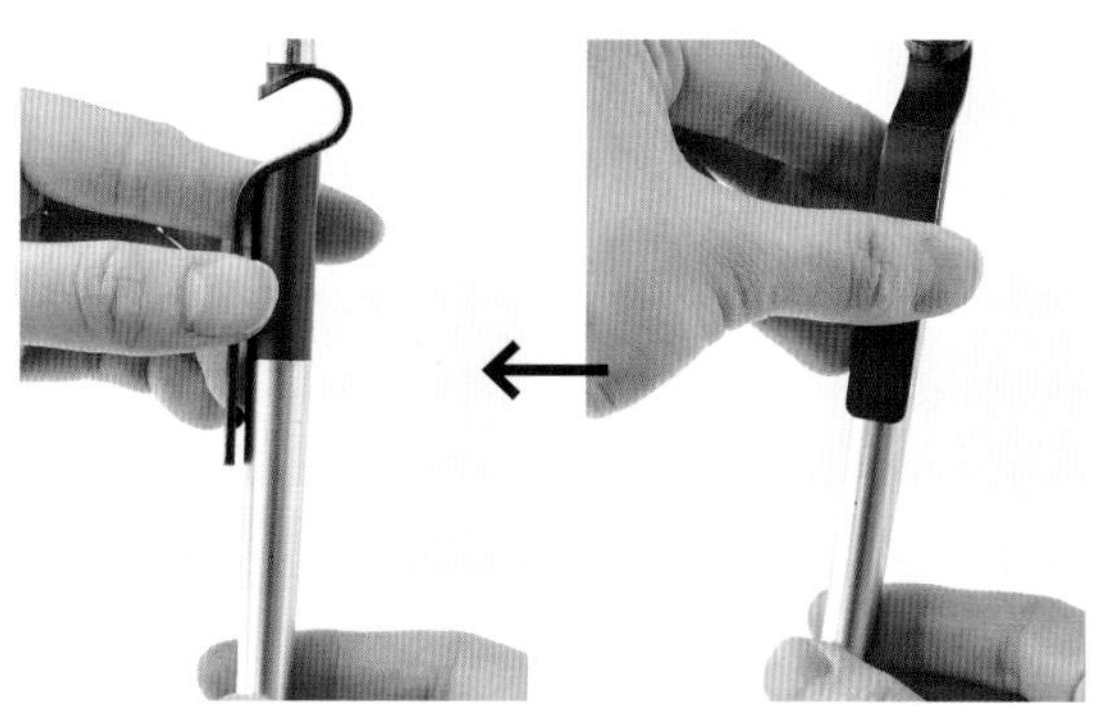

回転させるとペン先が出てくる。

インクのなめらかさはいまひとつでも、かすれなくきれいに書くことができる。

※1　スタイラスペン：スマートフォンやタブレットなど、タッチパネルのディスプレイを操作できるペンのこと

33 残念ながら生産終了世界一かっこいいボールペン

ダイアログ1 by リチャード・サッパー L274／ラミー

有名デザイナーとコラボしたダイアログシリーズ第1弾。戦闘機みたいでかっこいいデザイン。独特の三角ボディは持ち方に慣れるのに時間が必要だが、とにかくかっこいいペンを探している方におすすめ。

世界一かっこいいボールペン、ラミー ダイアログ1を紹介します。

異論は……認めません（笑）。定価は27500円。高級筆記具ブランドであるラミーの製造するボールペンの中で最も高額なボールペンが、ダイアログ1です。戦闘機みたいなデザインで、マジで世界一かっこいいですよね。このボールペンはいつかほしいなと考えていたんですけれども、生産終了になってしまったということで急いで購入しました。

ダイアログシリーズは世界中の有名デザイナーとコラボしたシリーズです。こちらはリチャード・サッパーという有名な工業デザイナーとコラボして作られた、シリーズ第1弾になります。そのため、こだわりがすごいんですよね。**丸みを帯びた三角ボディと、中心がかたよったペン先。**軸には真鍮が使われ、表面のチタンコーティングによりシャンパンゴールドっぽい色味になっていて上品な質感。艶消しですが指紋はつきやすかったです。ブラックのパーツは樹脂になっています。中心がかたよっていても違和感がないのはおそらくノック部分もかたよっ

▶ 

ペン先のボタンを押し、樹脂パーツを外して分解する特殊なリフィル交換方法。

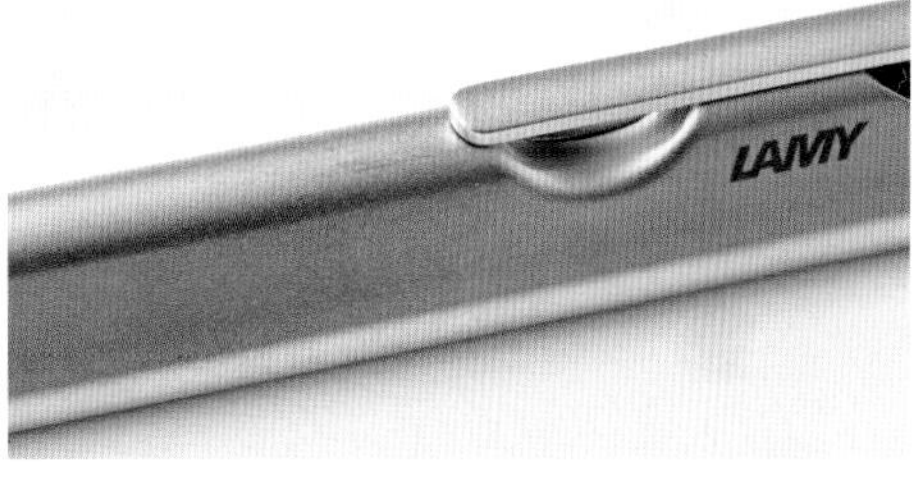

クリップは可動式で厚手の生地や分厚い表紙の手帳などにもはさめる。

中心がかたよった位置になるペン先を逆向きで使うと、樹脂パーツがたわんで隙間ができ、接続部分が外れそうで不安。

書き始めはかすれるが、連続して書く分にはなめらかに心地よく書ける。

ているからだと思います。ノック部分から先端まで一直線になっているところが自然で美しいです。

クリップは可動式になっていて分厚いものでもはさめます。持ってみて最初に感じたことは意外と軽いっていうことですね。真鍮が使われていてずっしりした見た目ですが、25gなので想像より軽かったです。分解方法を調べてみると、**先端の裏側についているボタンを押すことで、樹脂パーツを吹っ飛ばしてインクを交換することができます。金属リフィルはラミーのM16というインクが使われています。**リフィルは細字、中字、太字の3種類、カラーはブルー、ブラック、レッドの3色のラインアップです。

　書いてみると、三角ボディが独特なので慣れるのに少し時間が必要かなと思いました。軽いので、長時間書いていても疲れにくいかなと思います。インクは10分置いたままにして書こうとすると書き始めはかすれますね。でも連続して書いている場面ではなめらかに書けます。ただ個人的に**気になったのは、先端の樹脂パーツ**ですね。リフィルと接するところは金属になっているので第一印象はいい感じですが、樹脂パーツと金属パーツの接続が不安なところがあるんですよね。特殊なリフィル交換方法を採用した副作用みたいな感じです。

　まとめると、「とにかくかっこいいボールペンがほしくて、お金はいくらでもある」っていう人におすすめですね。価格相応の書き心地かと言われたらそうでもないですが、「価格相応のデザイン」であることは間違いないと思いました。ボールペンという筆記具の中で新たなジャンルを確立したと言っても過言ではない歴史的な1本だと思います。惜しくも廃番となってしまいましたが、もし気になる方はぜひ購入まで踏み込んでいただけたらなと思います。

34 上品で和モダンインテリアとしても美しいペン

フロス輪 〜Rin〜／ゼブラ

ゼブラのフロス輪というデスクペンを紹介します。

人生ではじめてのデスクペンなんですけれども、和モダンで上品なデザインにひかれて購入しました。**流線型で美しい形状のボールペン**です。真鍮の軸にブナの木のグリップで、マットな質感となっているのでかなりの重厚感があります。**台座は日本の伝統的な七宝柄**[※1]**を立体的に再現しています**。金属のみでは成型できない複雑な形状を、樹脂と金属を混ぜ合わせるフリーブレンドインジェクションという高度な技術を用いて作っているそうです。重厚感とペンを立てるのに必要な重量を兼ね備えた台座です。こちらは赤色のデスクペンなんですけれども、ほかにも金と黒の計3種類がラインアップされています。色によって台座の樹脂に混ぜ込む金属が違い、赤は銅、金色は真鍮、黒色は鉄を混ぜ込んでいるそうです。

台座の裏には4つのくぼみが設けられていて、必要があれば付属の滑り止めを付けてお使いくださいとのこと。付けることで少し浮き上がるんですけれど

インテリア性が高く、ホテルや旅館のフロント用にピッタリ。

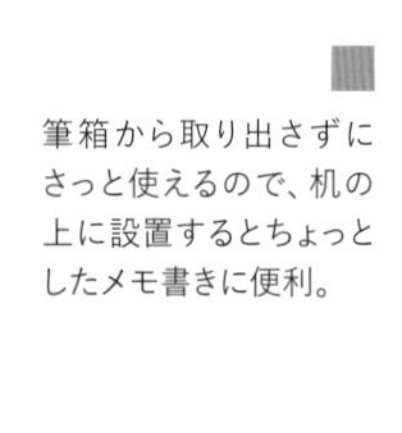

筆箱から取り出さずにさっと使えるので、机の上に設置するとちょっとしたメモ書きに便利。

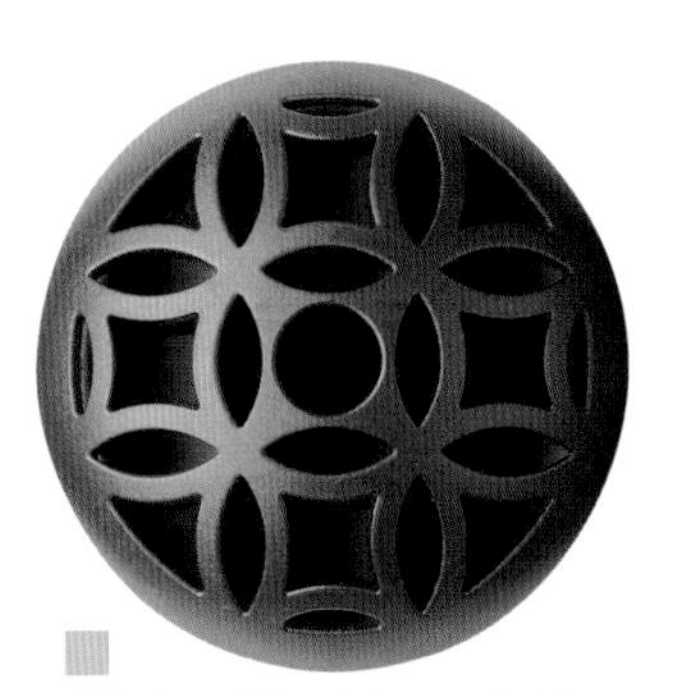

縁起がいい柄といわれている七宝柄。日本伝統の柄で、和モダンな雰囲気。

▶ 

軸は真鍮素材なので、むき出しの真鍮がちらっと見える部分もある。

グリップ部分は木製だが、赤色は木目がはっきり見えず、触ってみないとわからない。

油性と水性の比率が7対3のエマルジョンインクを搭載。多少かすれはあるものの、なめらかで濃い発色は油性と水性のいいとこどり。

滑りやすいので、台座の裏のくぼみに付属の滑り止めを付けて設置するのがおすすめ。

も、滑りやすいので忘れずに付けた方がいいと思います。**グリップ部分は木製**です。**インクはエマルジョンインク**[※2]**のEQ－07芯**なので、88円と比較的安く、同じくゼブラのフィラーレと互換性があるリフィルとなっています。軸は真鍮素材なので、ペン先を外すとむき出しの真鍮がちらっと見えます。グリップがボコッと膨らんでいるので手にフィットする形状です。重心は低重心ではないんですけれども、書きにくいということはないなと思いました。

インクは油性と水性の比率が7対3のエマルジョンインクが搭載されています。書き心地は多少かすれやすい部分があるんですけれども、なめらかで濃い発色は油性と水性のいいとこどりといった感じです。

ただひとつ残念だと思ったのが、ペン先のガタつきですね。ノック式のボールペンのようにペン先を収納するタイプではないので、もっとガタつきを抑えられたんじゃないかなと思いました。使うときは、テープとかをリフィルに巻き付けてガタつきを少なくしていこうかなと考えています。木製グリップは持ったときの冷たさがありませんし、滑りにくくなっているのでいい品質だなと思いました。

こんなペンがホテルや旅館のフロントに置かれていたらワクワクしちゃいますよね。自分みたいに趣味で持つ人の場合は使い方を考えなければなりませんが、インテリアとしても美しいです。それに、わざわざ筆箱から出さずにさっと使えるので、ちょっとしたメモを取りたい場合は使えるんじゃないかと思いました。机の上のインテリアが増えすぎてしまってごちゃごちゃしちゃいそうですが、こちらのデスクペンの置く場所をこれから模索していこうと思います。

机の上をおしゃれにしたいという方にはおすすめできるんじゃないかなと思います。

※1　七宝柄（しっぽうがら）：同じ大きさの円を4分の1ずつ重ねた、菱のような形と花のような形が永遠に続く柄で、縁起がよいとされている。
※2　エマルジョンインク：油性と水性を混合したインクのこと

35 美しすぎるボールペン 書き心地も神レベル

ロメオNo.3 ボールペン イタリアンアンバー 細軸／銀座 伊東屋 本店

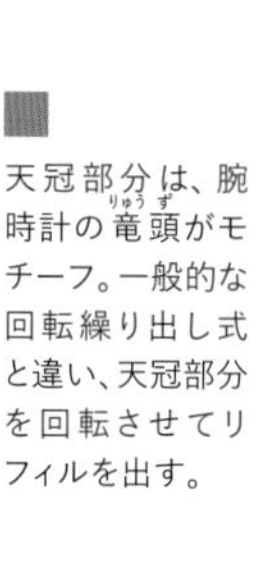

天冠部分は、腕時計の竜頭（りゅうず）がモチーフ。一般的な回転繰り出し式と違い、天冠部分を回転させてリフィルを出す。

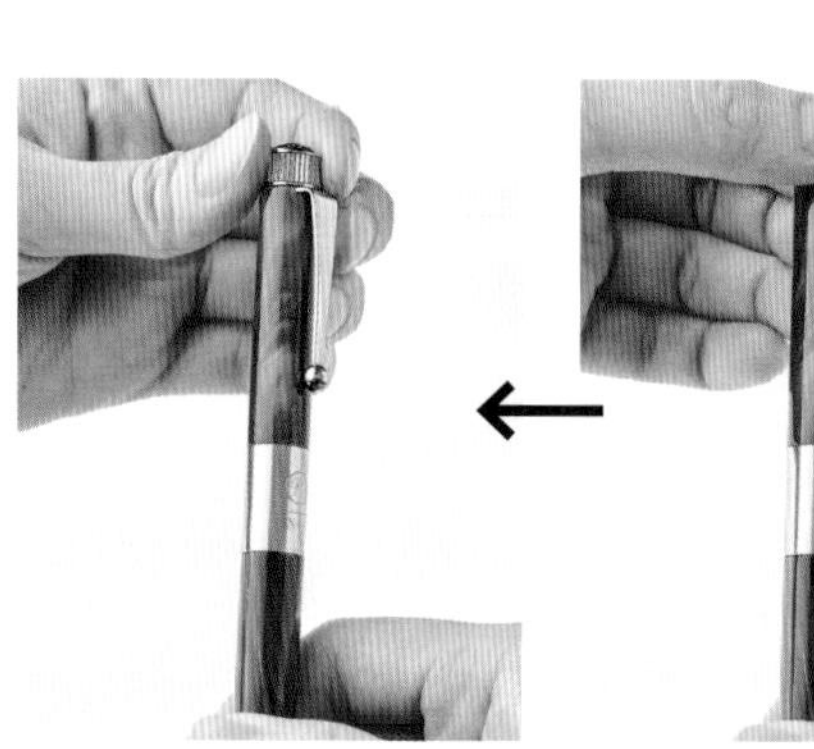

天冠はゆっくりと軽やかに動く。

美しい模様のアクリル樹脂製のボディが光る1本。

伊東屋のオリジナルブランド・ロメオNo.3のボールペン。カラーはイタリアンアンバーです。太軸と細軸の2種類がありますが、購入したのは8800円の細軸です。太軸は9900円となっています。第一印象は「とにかく美しすぎるボールペン」ですね。角度によって反射の仕方が変わり、立体感のある模様が特長的です。マーブル模様の軸はアクリル樹脂でできています。**アクリル樹脂はプラスチックの中でも耐久性に優れ、美しい透明性を保った素材**です。自分は木のペンが好きですが、木軸では表現できない上品さ・清潔感がありますね。樹脂を流し込むのではなく、1本の棒状の樹脂を職人が手作業で削ってペンの形にしています。1本1本模様が異なり、まさに芸術的なボールペン。カラーバリエーションも豊富です。

　こちらは**独特な回転繰り出し式で、上部の天冠を回転させることでリフィルを出します**。天冠のデザインは、腕時計の竜頭（りゅうず）がモチーフです。天冠は小さいながらも軽やかに動きます。**クリップは根元が太くなっているので耐久性もある**んじゃないかなと思います。徐々に細くなり先端の形状は球体です。裏側がとがっていないので、胸ポケットにはさんでもスーツを傷付ける心配がありません。細軸の太さが約11㎜で、三菱鉛筆のクルトガのスタンダードモデルと同じくらいですね。

中身を分解すると、**うれしいのは金属のネジになっていることです**。落としたり、強い力が加わったりしても安心な作りになっています。**最初に入っているインクは0・7㎜のゲルインクでした**。G2規格なのでほかのメーカーの油性インクを使用することも可能です。

書いてみると、実に書きやすい。自分は50本以上のボールペンをコレクションしているんですけれども、この書きやすさには衝撃を受けました。ペンの質量がやや重く、重心の位置が先端から8㎝と後方にあるのにも関わらず、どうしてこんなにも書きやすいのか。それは、重心まわりの慣性モーメント[※1]に秘密があります。重心付近がいくら重たくても両端が軽ければ素早く動かせます。このペンは重心付近に重さが集中しているので、軽く筆記することができるのです。もし神シャーペンがカヴェコスペシャル（P34）なら、神ボールペンはロメオNo.3ですね。

ゲルインクは発色がよく、かすれることなく書けます。0・7㎜は結構太めなので、細かく書くと字がつぶれるかなと思いました。気になったのは先端のガタつきですね。ガタつきが気になる方はほかのリフィルにしてみたらどうかと思います。

自分用に購入するのも大いにアリですが、大切な人へのプレゼントにも、No.3はおすすめです。ペンケース付きのギフトセットもラインアップされています。

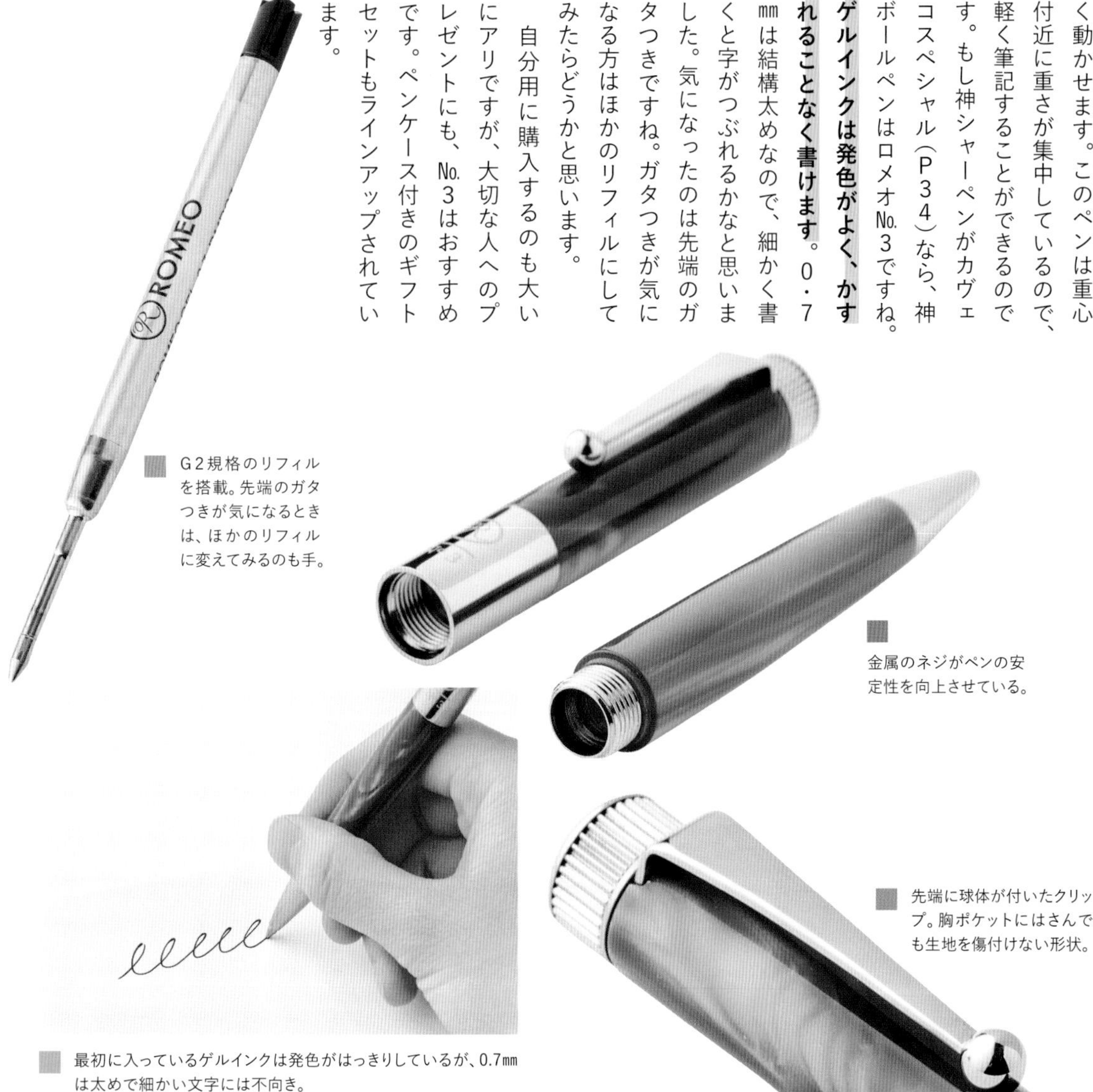

G2規格のリフィルを搭載。先端のガタつきが気になるときは、ほかのリフィルに変えてみるのも手。

金属のネジがペンの安定性を向上させている。

先端に球体が付いたクリップ。胸ポケットにはさんでも生地を傷付けない形状。

最初に入っているゲルインクは発色がはっきりしているが、0.7㎜は太めで細かい文字には不向き。

※1 慣性モーメント：物体が回転しようとするとき、またはとまろうとするときに必要な力を示すもの。大きいほど動き出しに力がいるぶん、止まりにくい性質を持つ。

36 どんな過酷な状況でも使える ロマン溢れるボールペン

BULLET リアルブレット 338／フィッシャー

無重力の環境でも、水中でも、上向きでも、真冬の北海道でも書くことができるボールペン・フィッシャースペースペンを紹介します。

なんと「宇宙でも使えるボールペンを作ってほしい」というNASAの依頼を受け開発されたものです。どんな過酷な環境でも使用できるロマンが詰まったボールペンですね。定価は7700円です。

フィッシャーはアメリカのブランド。**パッケージのデザインが古き良き時代のアメリカを連想させますね。**樹脂でできたしっかりした箱に入っています。

ブレットシリーズの338は**本物の薬莢を使っており、傷や凹みがかっこいい**ですよね。338というのは、0・338インチの弾丸の大きさからきています。長距離を射程する弾丸なので先端がとがった形状です。弾丸を引き抜くとリフィルが出てくるので、**ひっくり返して薬莢にセットすると、ボールペンとして使うことができます。**複雑な機構を搭載していないので壊れることもまずないと思います。

真鍮が使われており重量は48gもあります。自分の場合、重量が30gを超えたら重いと感じます。しかしこの重さとシンプルな構造で絶対に壊れないという信頼感があります。真鍮は持つと金属の匂いが指についてしまいます。気になる方はクロムメッキのモデルがおすすめです。

アメリカを連想させるパッケージ。樹脂製のしっかりした箱。

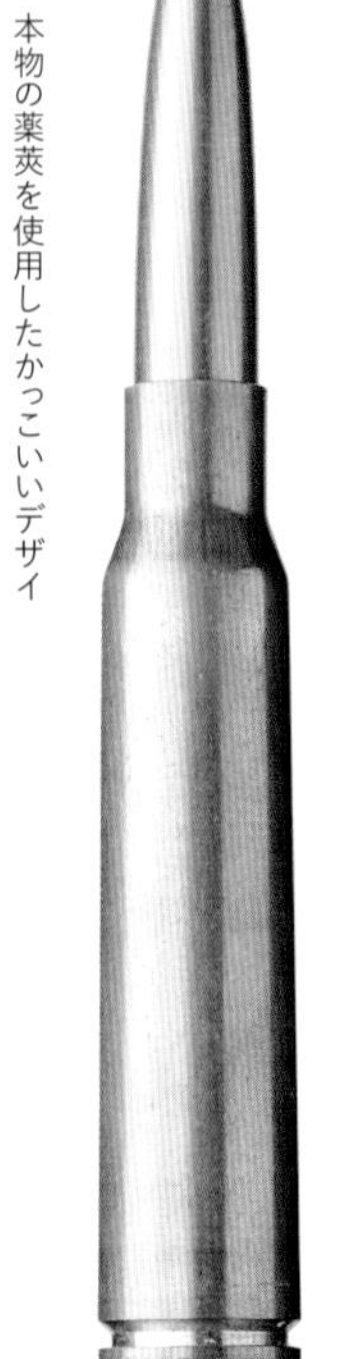

本物の薬莢を使用したかっこいいデザイン。シンプルな機構で信頼できる耐久性。

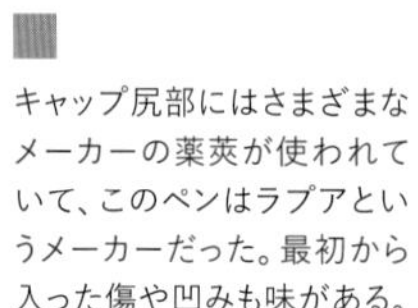

キャップ尻部にはさまざまなメーカーの薬莢が使われていて、このペンはラプアというメーカーだった。最初から入った傷や凹みも味がある。

全長がかなり短く、ズボンのポケットに入れて持ち運べるサイズ。**中間部分にはラバーが使われていて抜け落ちないようになっています**。

中身を分解してみると、あまり見ない形状のリフィルが使われていますね。NASAと共同開発した**PR4Fというリフィル**は、1本1000円以上します。どうして高価なのかといいますと、リフィルの後ろに窒素ガスが注入されていて高圧になっているんですよね。だから過酷な状況でもしっかりインクが出てくれるそうです。粘度の高いインクなので乾燥もしにくく、100年以上保管できるそう。驚くことに永久保証にも対応しています。

実際に書いてみて、**弾丸は指の形状にいい感じにフィットするなと思いました**。太さのメリハリが激しい形状なんですけれども、計算されたかのようにフィットするんですよね。ペンとしては重いですが、全長が短いので書いていて疲れるというわけではありません。短い分、一体感を感じられて新鮮な感覚ですね。

インクの出がよく、かすれはまったく気になりませんでした。ペン先のグラつきがほんの少しあるかなと思います。自分はリフィルの先端をテープで巻いて隙間を埋めたので、書き味は安定しています。

ボディがグラグラすることがなくて、しっかりとした書き心地です。自分はこういう安定感のあるボールペンが大好きなのでかなり気に入りました。ちなみに水で濡れたところでも上向きでも余裕で書けました。

ランニングコストが高いですが、コスパを気にせずに一生使えるいいボールペンがほしいと考えている方にぜひおすすめしたいボールペンです。

窒素ガスが込められたPR4Fというリフィルが使われている。

後部も本物のデザインがかっこいい。

重めの本体だが、流線型の形が指にフィットする。

ラバーが抜け落ち防止になっている。空気穴があるのではずすのも簡単。

37 見た目、書き味……すべてが満たされる最高の1本

マーブルウッドボールペン・スタンダード／野原工芸

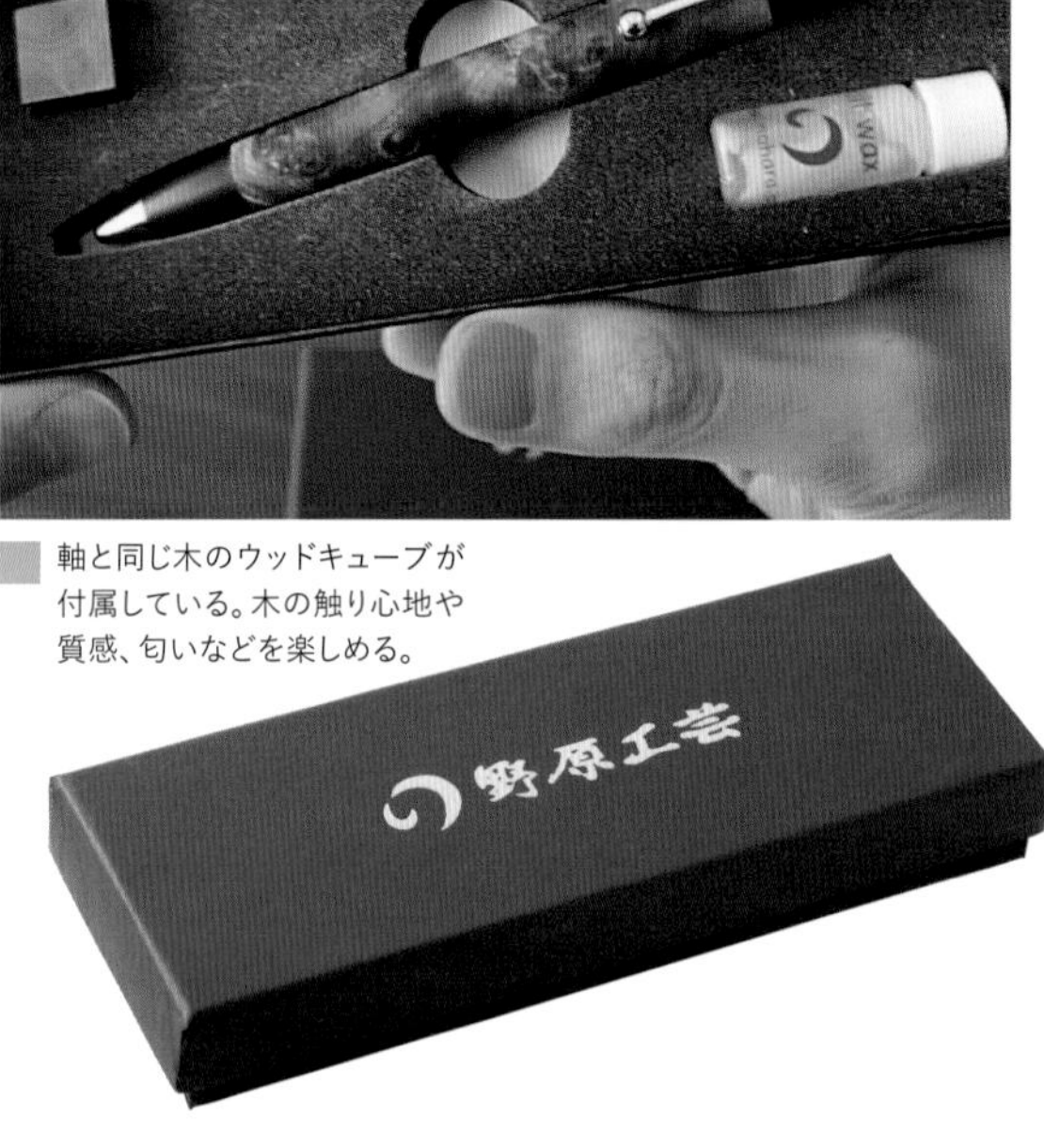

大理石のような木目、所有欲が満たされる重量感のあるボディは、ずっと見ていられる美しさ。

軸と同じ木のウッドキューブが付属している。木の触り心地や質感、匂いなどを楽しめる。

野原工芸のマーブルウッドをご紹介します。2020年にオンラインストアで購入しました。経年変化もいい感じなので、5つ星評価で徹底レビューをしていこうと思います。

箱にはボールペンのほかに、ウッドキューブとお手入れ用オイルワックスが入っていました。シャーペンはスリムタイプのみですが、ボールペンはスリムタイプ、太めのスタンダードタイプ、回転繰り出し式のロータリータイプの3種類がラインアップされています。購入したのはスタンダードタイプです。**金具はシルバーとゴールドがあり、シルバーの玉クリップ**にしました。樹種によって値段が違い、マーブルウッドは特上杢（もく）で9900円。マーブルウッドは現在オンライン販売が終了し、長野県にある実店舗のみで販売しています。

当初は明るい色で艶がありませんでしたが、1年間使うと深みのある色に変化しました。オイルやキョンセームという革のクロスで磨いたりしたので艶も出ています。経年変化を楽しめるのも木軸ペンの魅力かなと思います。触り心地はかなり柔らかいですね。**マットブラックの金具が落ち着いた雰囲気で、シ**

▶ 

リフィルはアクロインキ搭載のパイロットのBRFN−30。

クリップはシルバーとゴールドから選ぶことができた。落ち着いたマットブラックと、シルバーの高級感がベストマッチ。

ペン先が太めなので視界はあまりよくないが、なめらかでかすれにくいパイロットのアクロインキの書き心地が最高。

経年変化が楽しめる、世界に1本の木目。

ルバーメッキの金具は高級感があり、絶妙なデザインだなと思います。段差のない流線型のボディで握ったときにデコボコを感じません。自分は玉クリップにしましたが、はさむ力が強いのでものをはさんで使うのはおすすめしません。

インクはパイロットのBRFN-30という金属製リフィルです。アクロインキが搭載されており、金属軸は書き心地がよいのでお気に入りです。スリムタイプは樹脂リフィルなので、書き心地という面では金属リフィルのスタンダードタイプの方がおすすめかなと考えています。

最後に5つ星評価をしていこうと思います。①書きやすさは星3つですね。金属が多く使用されているのでずっしりしており、軽いペンに比べて取り回しが劣ります、②持ちやすさは星4つですね。段差のない流線型のボディのおかげでストレスなく握れ、使えば使うほどグリップ力も上がっていきます、**③書き味は星5つです。アクロインキはなめらかでかすれにくく発色もよくて最高です。**気になるところは振ったときにカラカラ音が鳴ることですね。書くときには気になりません。先端のガタつきもわずかにあります、④ペン先の視界は星3つ、太めなので視界はそこまでよくありません、⑤デザイン・質感ですが、星5つですね。美しい木目と高級感のある金具が絶妙にマッチしていて最高です、⑥コスパは星3つで、手作りの木軸ペンの中では比較的お手頃価格になっています、⑦品質耐久性は星5つです。野原工芸さんは木材が割れたりした場合の修理を受け付けています。一生もののペンだと思いますし、そもそも修理に出す必要がないぐらい品質のよい工芸品です。

最後に独断と偏見に満ちた総合評価をしていきますと星5つですね。書き味もデザインもよく、愛着の湧く最高の1本だと思います。

38 質実剛健な見た目と書き味 かっこいいと断言できる多機能ペン

ロットリング600 3in1／ロットリング

ちょっと硬めの回し心地も質実剛健でいい。

安定感の面でかなり優れていて、書き味もなめらかで最高。振ってもカチカチ鳴らない感じもいい。

多機能搭載のスリムなボディは、ずっしりとした重みで存在感をアピール。反射が抑えられた焼付塗装が施され、味のあるマットブラックの塗装が岩石のような質感を与えている。

ロットリング600 3in1という多機能ペンを紹介します。さすがロットリング、機能を増やしてもかっこよく仕上げられています。

自分が持っている多機能ペンの中では、1番かっこいいと断言できますね。真鍮（しんちゅう）が使われているので、重量は32gでずっしりとしています。表面には反射が抑えられた焼付塗装が施されて、重みのある味を感じます。

赤と黒のボールペンと、0・5㎜のシャーペンの3機能で、上部のローレット加工[※1]のところを回転してリフィルを出すツイスト[※2]式です。**回し心地はちょっと硬め**な印象を受けたんですけれども、不快に感じることもなくてロットリングらしい質実剛健な感じが伝わってきますね。上のキャップ部分とローレットの部分は完全にくっついていて、デザインの要素が大きいです。シャープ芯を出す際はローレット加工の部分も一緒に動くので、最初は驚きました。

リフィルの**交換は回すのではなく、上のキャップを引き抜いて内部の機構を出す**という非常に不思議な構造となっていました。長い間出し入れしていると、ゆるくなってしまわないか少し心配です。

▶ 

キャップとローレット部分はくっついている。この部分が回転するツイスト式で、シャープ芯を出すときは一緒に動く設計。

リフィルの交換は、上のキャップを引き抜く構造。インクは4C規格なのでアレンジが効くのも使い勝手がいい。

インクは4C規格なので、ジェットストリームなどのインクを使用できます。ツイスト式の多機能ペンのわりにはスリムな部類に入ると思うんですけれども、やっぱり1機能のシャーペンと比べると太くなっていますね。デザインという観点ではゴツゴツとしていて自分は好きです。ロットリング800+と比べても、触り心地が違ってきます。3in1の方がザラザラしています。

見た目から感じる質実剛健さは、書き味からも伝わります。自分は使いやすさよりはデザイン重視で筆箱に入れるペンを決めがちなんですけれども、そんな方におすすめで、所有欲を満たしてくれるロマン溢れるペンとなっています。

シャーペンの先端は4㎜のガイドパイプみたいに製図用になっているわけではなく、いたって普通の形状ですね。多機能ペンなのでどうしてもガタつきはありますが、**ペン内部がしっかりと固定されているので、安定感はあるかなと思います。**

ロットリング600のシャーペンは安定感と書き味が最高で、ロットリングの中では1番好きなシリーズです。新登場した3in1もそれをしっかり受け継いでくれているなと感じます。

これでもかっていうくらい味のあるマットブラックの塗装が岩石のような質感になっていて、愛着を持って使っていける多機能ペンだと思います。ロットリング600はスリムなので戦闘機みたいに、3in1はジャンボジェット機みたいに見えますね。

値段は5500円なので、結構なお値段がしますが、これだけ満足感のある質感と書き心地だったら、そんなに高くないなと感じました。

ツイスト式じゃなくて振り子式[※3]ならもう完璧だなと思うんですけれども、これからも長く使っていこうと思います。

※1　ローレット加工：金属に施す細かい凹凸状の加工のこと。滑り止めの効果が期待できる。
※2　ツイスト式：回転繰り出し式のボールペンのこと。
※3　振り子式：ペンには、軸を水平にしたとき上を向いている面を感知する「おもり」が入っていて、このおもりが軸の向きに合わせて振り子のように動き、ノックをしたときに繰り出すペンの種類が決まる方式。

39 鞄の中に入れておきたい 9機能を詰め込んだロマンのある道具

9 in 1マルチファンクションツールペン／A TECH

ボールペンを含めて9つの機能が搭載されているので鞄の中に常に入れておきたくなる。

ボールペンのリフィルを収納する方向に回し続けるとスタイラスペンを取り出せる。

スタイラスペンをひねって開けるとプラスドライバーとマイナスドライバーが。持ち手のところは滑りにくくなっている。

A TECHの9 in 1マルチファンクションツールペンという、9機能も持ち合わせたペンを紹介していこうと思います。

スチールとアルミニウム、銅、鉄合金のハイブリッドで製造されたボディとなっていて、マットブラックの塗装がゴツゴツとした形状とマッチした独特の存在感を感じます。多くの機能を詰め込んでいるので、ロマンのある道具だと思います。

まず**ひとつ目の機能は、0.7㎜のボールペン**[※1]となっています。短くローレット加工が施されたグリップがあるんですけれども、こちらを回転するとリフィルが出てきます。

ふたつ目の機能はスタイラスペン[※2]ですね。ボールペンのリフィルを収納する方向に回し続けるとスタイラスペンを取り出すことができます。使い始めるのにワンクッションが必要ということでちょっと面倒かもしれないんですけれども、感度は普通にいいなと思いました。

スタイラスペンをひねって開けていくと、3・4機能目となる**プラスドライバーとマイナスドライバー**がついています。

5つ目の機能は栓抜きですね。少し不自然にくり抜かれたところが栓抜きになっています。

6つ目の機能は定規です。側面にセンチメートルとインチ単

ペンの真ん中のくり抜きは栓抜きになっている。

ペンの横に定規、内部に水平器がある。

重量48g。インクの質も思った以上によく、書き心地はなめらか。

ペンの天冠部にボックスカッター。ガムテープを切るのに使える。

クリップ横に爪やすりが搭載。

位の定規が搭載されています。**7つ目の機能は水平器です**ね。実際に使ってみると水平から少しずれています。調整のしようがないので、気になりますね。

8つ目の機能は爪やすりです。クリップの横に灰色のやすりが搭載されています。筆箱に入れておくとほかのペンのクリップを削ってしまう恐れがあるので、あんまり入れない方がいいかなと思います。

最後、9つ目の機能がボックスカッターですね。切れ味は安全を考慮したためなのかそこまでよくはないんですけれども、ガムテープをカットすることができます。

1番重要な要素というのが個人的にはボールペンだと思っているので、書きやすさや使い心地について詳しく見ていこうと思います。

まず気になったのがツイストの回し心地の悪さですね。金属がこすれるような音がして、極力回したくないなと思ってしまうような感覚です。

引っこ抜くとボールペンのリフィルを取り出すことができるんですけれども、短い金属リフィルなので、替え芯を探すのは簡単ではないかなと思います。

書いてみるとなめらかで書きやすいなと思いました。インクは思ったよりもただ、重量が48gもあるのでなかなか疲れます。

持ち心地なんですけれども、持ち方によっては栓抜きのところに指が当たってしまって、痛くなってしまうんじゃないかなっていう心配はあります。ガタつきも結構ありました。ボールペンをメインで使っていくのは正直あまりおすすめできないかなと思ってしまいます。

定価は3500円となっています。品質自体はそんなに高いものではないんですけれども、9機能が搭載されていてコンパクトっていうのは、鞄の中に常に入れておいたりすると本当に必要になったときに助かるんじゃないかなと思います。

※1　ローレット加工：金属に施す細かい凹凸状の加工のこと。滑り止めの効果が期待できる
※2　スタイラスペン：スマートフォンやタブレットなど、タッチパネルのディスプレイを操作できるペンのこと

40 エッジの効いたデザインの超極細多色ペンの機能美

ジェットストリームエッジ3／三菱鉛筆

偏芯形状であるポイントノーズ形状となっていて、ペン先が偏っている。

エッジの効いたデザイン。クリップのデザインはラミーのサファリと近い印象。

世界で最も細い0・28㎜の油性ボールペンである三菱鉛筆のジェットストリームエッジから、多色ペンが登場しました。**スピロテック機構という新しい仕組み**が採用されているので、2750円という、ちょっとびっくりする値段となっています。[※1]

ジェットストリームエッジという名前の通り、エッジの効いたかっこいいデザインです。

ブラック、ホワイトレッド、ツートンターコイズの3色に加えて、限定色のツートンレッド、ネイビーを合わせた5色が展開されています。

グリップはアルミ、先端のパーツはABS樹脂でできています。軸って割れやすいので、アルミで作ってくれたのはありがたいのですが、樹脂パーツ特有のパーティングライン[※2]が見えてしまうのは少し安っぽいなと感じました。

クリップは軸の中に埋め込まれています。ラミーのサファリに似ているので、オマージュっていう感じですよね。単色には名前が刻印されていますが、エッジ3では印刷に変更されています。

ペン上部の樹脂ダイヤルの天井で色の入れ替えが確認できますが、サイドについていた方が視覚的にわかりやすいと思うの

▶ 

で、少し使いにくいかなと思いました。

　このペン1番の特長としては、**ポイントノーズ形状の先端**ですよね。軸と芯が直線上にありません。ラミーのダイアログ1（P102）に似ています。

　一般的な多機能ペンというのは、回転するのは押し出そうとするパーツだけで、リフィルは上下運動だけするんですよね。中心からずれたところにリフィルが配置されていて、それを無理やり中心に持ってこさせようとするわけなので、たわんだり、根元が傾いたりしてしまいます。これがかすれの原因です。

　エッジ3は0・28㎜という超極細油性ボールペンなのでかすれやすいんですよね。傾きすぎるシチュエーションが生じないようにリフィルが回転して、先端の偏った穴の位置からまっすぐ伸びることができるスピロテック機構が採用されました。これぞ「機能美」だと思います。0・28㎜のインクが細かく書くことを想定しているので、先端が見やすいように**ポイントチップというとがった先端**になっています。直径11・8㎜のグリップなので、少し太めなんですけれども自分は握りやすかったですね。ただ、横方向に溝がないので滑りやすいです。

　質量は17・2gとなっています。多機能ペンって30gを超えるものが多いんですけれども、これだけ軽量化できたのはすごいなと思います。

　書いてみると、ペン先が中心から少しずれているので、万年筆で書いているような感覚になりました。万年筆みたいになめらかな書き心地というわけじゃなくて、カリカリとした感じです。ペン自体全然重くないので書きやすいなと思いました。

　単色と比べると安っぽい書き味になっていますが、かすれやすい0・28㎜を見事に多機能ペンにできているっていうのは、評価できるポイントだと思います。

0.28㎜のインクで細かく書くことを想定した造り。先端が見やすいようにポイントチップというとがった形状になっている。書き心地はカリカリとした独自の感触。

上部のダイヤルを回してペンを入れ替える。色の印は少し見づらい。

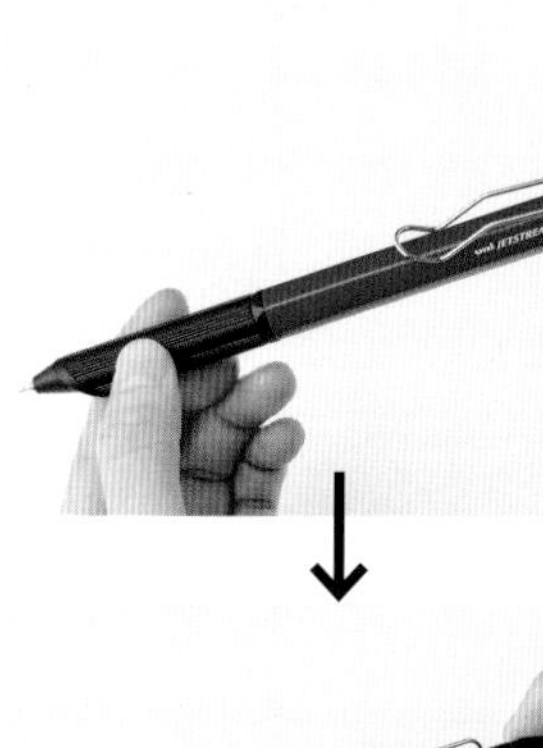

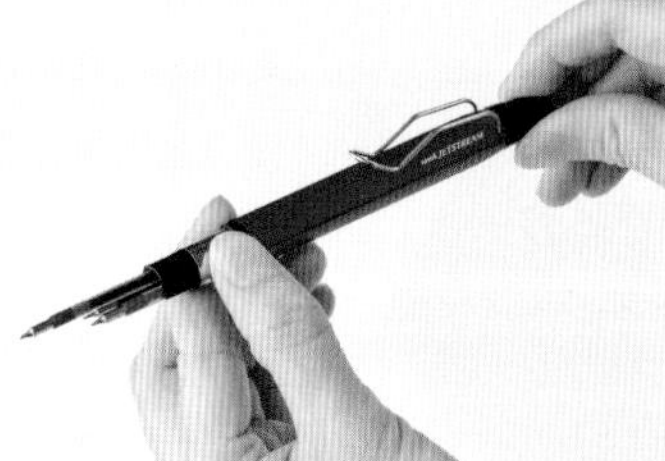

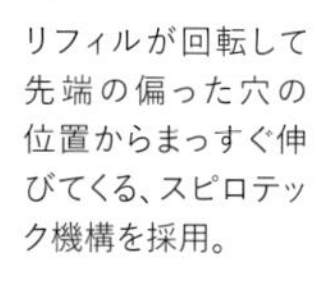

リフィルが回転して先端の偏った穴の位置からまっすぐ伸びてくる、スピロテック機構を採用。

※1：2019年8月（三菱鉛筆調べによる）
※2　パーティングライン：成形品を金型から取り出したときに出るバリを取った際に残る跡のこと

41 見た目、素材、機能すべてにおいて特別な魅力のある多機能ペン

シャーボX TS10／ゼブラ

シャーボXのプレミアムモデルである、TS10という多機能ペンを紹介していこうと思います。

こちらは11000円する高価な多機能ペンで、購入したときには**豪華な化粧箱に入っていました**。見た目、素材、機能すべてにおいて特別なのですが、改善の余地がまだまだあります。

真鍮（しんちゅう）の軸が採用されており、重量は26gとなっています。持ってみるとずっしりとしていて重厚感が感じられます。**ネイビーの艶消し塗装とゴールドのメッキ塗装がマッチ**していてかっこいいですね。

ロータリーシステム[※1]**が採用**された回転式の多機能ペンとなっていて、シャーペンと3種類のボールペンを搭載することができます。内部リフィル同士の振動を抑えるために、**グリップの内側に黒色のギザギザしたゴムが搭載**されています。ただ、勢いよく回すと内部でゴムとリフィルが引っかかってしまって、同じ方向に回せなくなってしまいます。ゆっくりと回した方がよさそうです。

本体を購入したときにリフィルは入っていないので、別々で買わなければなりません。面倒ではありますが、その分、選択肢が広いともいえます。

シャーペンは、0・3㎜を始め

ロータリーシステム採用の回転式多機能ペン。真鍮の軸を採用。重量26g、重厚感がある。

パッケージはリッチな印象の化粧箱。手に入れた瞬間からワクワク感のはじまり。

ネイビーの艶消し塗装とゴールドの色の組み合わせがかっこいい。

▶ 

とした3つの芯径から選ぶことができます。**シャーペンの芯径を選ぶことができる多機能ペン**って、珍しいのではないでしょうか。

ボールペンのインクの質は高いと思います。ゼブラ独自のやや太めな4C規格なため、他社のD1規格のリフィルを入れるとスカスカになってしまいます。

油性インクは10種類、ジェルインクは10種類、[※2]エマルジョンインクは8種類となっていて、計28通りの選択肢があります。

ボールペンのリフィルを入れる3つの組み合わせですが、リフィルの重複をありとして考えると2万通り以上、シャーペンの芯径3種類のことも考えると、およそ6万5000通りから選ぶことができます。軸の色も考慮すると組み合わせはもっと大きくなるので、これ以上考えるのはやめておきましょう……。

自分は無難に0・5㎜のシャーペンと0・7㎜の黒赤青の油性のインクを入れています。

TS10以外のモデルはペンの中間部分に1から3までの黒い線が入っていましたが、TS10はロゴのみとなっています。ロゴを基準としてどれだけ回したのかでリフィルを探すので、面倒だなと思いました。

書いてみると、ガタつきは多少ありますね。**書き味はしっとりとした重みのある優雅な感じです。**ただ、ずっしりとしていて、長時間の筆記にはあまり向いていないかなと思います。

シャーボXは可動式クリップとなっています。ほかのモデルよりも軽い力で大きく開くことができます。

TS10以外のモデルはキャップの黒い[※3]エラストマーがボコッと出っ張ってしまっているんですが、TS10はさすがプレミアムモデルということで控えめな仕上がりとなっています。

実用的であるとはいえないペンですが、重厚感が素晴らしくて、頻繁に使いたくなるほど魅力的なペンです。

ゼブラ独自のやや太めな4C規格インク。他社のD1規格よりも太めなので、純正使用がおすすめ。

シャーペンの芯径は、0.3㎜、0.5㎜、0.7㎜の3種類がある。

書いてみるとガタつき感が多少あるが、多機能ペンとしては小さいほう。しっとりとした重みのある優雅な書き味。

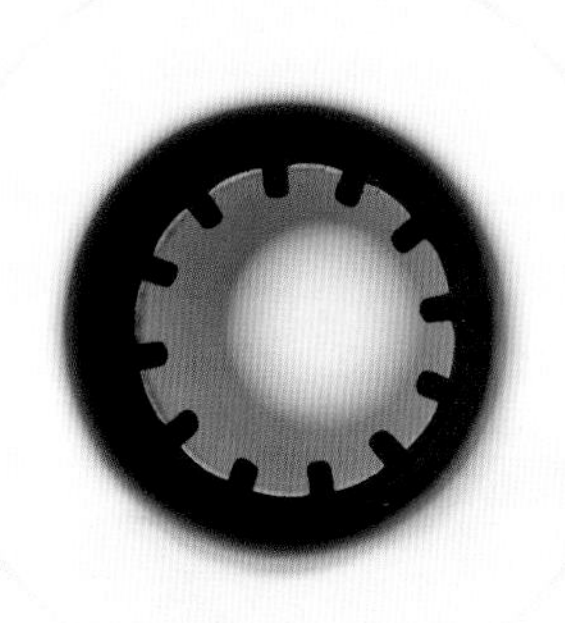

TS10プレミアムモデルは、リフィル同士の振動を抑えるためにグリップの内側にギザギザのゴムを搭載。

※1　ロータリーシステム：360度回転し、順番に芯が出ること。
※2　エマルジョンインク：油性と水性を混合したインクのこと。
※3　エラストマー：ゴムのこと。これがあることでシャーペンをノックしたときにしっとりとした触り心地を期待できる。

42 筆記振動を抑制することが重視されたブレない3色ボールペン

ブレン3C／ゼブラ

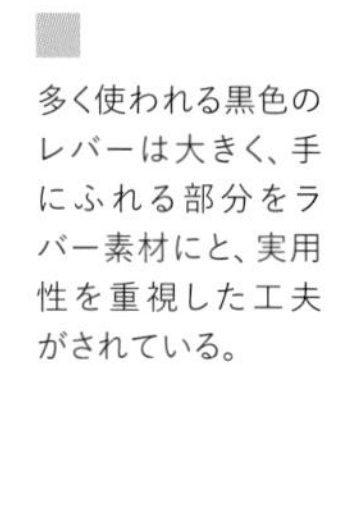

多く使われる黒色のレバーは大きく、手にふれる部分をラバー素材にと、実用性を重視した工夫がされている。

先端にダイレクトタッチという樹脂パーツを搭載。この部分でガタつきを抑えている。

口金は金属、グリップはラバー、軸は樹脂製。軽くて安定感がある。

ゼブラから登場したブレン3Cの紹介をしていきます。これまでになかった、**筆記振動を抑制することが重視された3色ボールペン**です。「ブレない」ということからブレンで、赤黒青の3カラーなので3Cと名前が付いています。

佐藤オオキ氏が率いるデザインオフィスnendoによるデザインで、独特な形状となっているのが面白いですね。

ゼブラはデルガードというシャーペンが大ヒットしたことを受け、極小デルガードシステムが搭載されたデルガード+2Cという多機能ペンを発売しました。今回のブレン3Cでも、単色ボールペンが大ヒットして多機能ペンが登場。同じブレンという名前を使っていることから、できるだけ形を変えないようにしているのが見受けられますね。

ペンの上部の断面は楕円形になっていて、先端にいくにつれて徐々に円形になっています。後軸からグリップ、口金にいくまでに段差がなく、なめらかで直線的な形状なのでストレスフリーなデザインです。

使用頻度が高い**黒色のレバーを1番大きくしていることと、引手をラバー素材にすることによって、滑らずにノックができ**

▶ 

ペン先は円形で、軸を通り、天冠の方に向かうと楕円となる美しい形状。

3色ボールペンのリフィルは単色よりも容量が少なめ。ランニングコストは多機能ペンの方が高い。

るよう工夫されています。

ただ、単色の造形を基に多機能ペンにしているので、違和感があるなと思いました。軸の表面の質感など安っぽさが目立ってしまっています。

クリップの内側の出っ張りは入り組んだような形状に改良されているので、少しはさむ力が向上しています。口金は金属、グリップはラバー、軸は樹脂でできています。

3Cと単色ではリフィルが違っていて、多機能ペンのリフィルは単色よりも容量が少なくなっていると感じました。同じ110円なので、ランニングコストは多機能ペンの方が高くなってしまいますね。単色は芯がたわまないように太くなっているんですが、3Cの芯は細いのでたわみやすいです。単色よりもほんの少し安定感が劣っているかなと思いました。

ただ、さすがブレンということで、**先端に搭載されている黒い樹脂パーツがしっかりとガタつきを抑えてくれています**。これをダイレクトタッチというんですけれども、口金とは別のパーツになっていて、ガタつきを抑制するためだけのものです。

軽くて安定感もあってスラスラ書けるので、普段使いの多機能ペンとしてはよくできています。実用性が高いですね。

エマルジョンインク[※1]が搭載されていますが、ちょっとダマができてしまいます。自分は0・5㎜を買ったんですが、線が細すぎるかなと思ったので、0・7㎜を購入するのが無難かなと思います。インクは中の上といった感じです。

440円という価格で抑えられているのは正直驚きました。ガタつきが大きいという多機能ペンの概念を吹き飛ばした、素晴らしい製品です。

ただ、コストを抑えすぎた感があるので、個人的には1000円以上してもいいので高級ブレンが出てほしいなと願っています。

※1　エマルジョンインク：油性と水性を混合したインクのこと。

PENCIL CASE

文房具の可能性を広げる使い方

お気に入りの筆箱をフルに使い倒す方法

**お気に入りのペンをお気に入りの筆箱に入れる。これ、まさに至福の時間。
筆箱にしまわれる文房具、文房具を収納する筆箱。
機能美と実用性を兼ね備えた筆箱の使い方や魅力をしーさー流に解説する**

ペンが迷子にならない使い勝手最高の筆箱

使っている筆箱はCカンパニーのルポペンケースです。色はブラウンなんですけれども、中を開くとベージュとオレンジの中間のような色となっていて、ツートンカラーがとてもおしゃれなんですよね。1本刺しペンケースとなっていて、大事なペンを傷から守ることができるのでとても重宝しています。

そのほか、2カ所にファスナーペンケースがあって、文房具を種類別に分けることができるので使いたいペンが迷子になることもないですね。使い勝手がよくて、おすすめな筆箱です。

ひとつ目のファスナーペンケースを開けて最初に目に入るのが、ハコアの定規。メープルとアルミが使われた定規となっています。艶消しのアルミの質感と暖かみのあるメープルの木の質感が上品な組み合わせの定規ですね。端っこからメモリがはじまっているのがお気に入りポイントです。

シャープ芯はファーバーカステルのスーパーポリマーです。ケースのデザイン性の高さから筆箱に入れています。自分は芯をたくさんペンの中に入れて書くので、普段はあんまり使ってないんですけれども、予備のために入れています。頭の茶色い部分を矢印の方向にカチッと動かすと芯を出すことができます。ファーバーカステルらしいおしゃれな芯ケースです。装丁はシールなので使っていくとめくれてしまうのが残念ですが、安いので状態が悪くなったら新しく買い直そうかなと思います。

続いてはプラスのフィットカットカーブツイッギーというペン型のはさみです。スリムで持ち運びに便利なはさみとなっています。歯と歯の角度が常に一定で最適な角度で切れるのでちょっとしたものを切りたいと

ファーバーカステルのスーパーポリマー。それほど使わなくても、ついつい入れておきたくなるデザイン性の高さ。芯を出すギミックもいちいちかっこいい。

ハコアの定規。木材とアルミの組み合わせが絶妙。洗練されたデザインで、メモリが端からスタートしているのもいい。

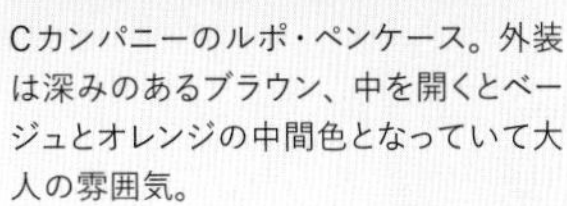

Cカンパニーのルポ・ペンケース。外装は深みのあるブラウン、中を開くとベージュとオレンジの中間色となっていて大人の雰囲気。

ルポ・ペンケース Cカンパニー

［ルポペンケースの容量］
ペン5〜7本
＋
定規、消しゴム・芯ケースなど

きも不自由なく使うことができます。デザインにもうちょっと暖かみが欲しいので、レイメイのペンカットのプレミアムチタンコートが欲しいなと思っております。

もう片方のファスナーペンケースには、消しゴム。シードのレーダーの50th記念カラーですね。だいぶ小さくなってしまったんですけれども、このペンケースには大きな消しゴムは入らないのでちょうどいい感じです。消しゴムはレーダーが1番好きですね。レーダーは消しゴムが欠けやすいのは残念ですが、消しやすいんですよね。あと、スリーブのデザインも好みなので使っています。

多機能ペンは、ピュアモルトジェットストリームインサイド4&1の限定色のネイビーを使っています。

これよりも高い多機能ペンはたくさん持っているんですけれども、2200円のこちらのペンが1番お気に入りです。なぜかというと、使いやすいから。

どうしても高級な多機能ペンになってくると機能が減りがちで、最大でもボールペン3色が限界なんですよね。シャーペンはあんまり使っていないんですけれども、4色のボールペンがひとつのペンにまとまっているのが便利で、それに加えてインクもジェットストリームが搭載されているので気に入って使っています。デザインもかっこいい！

ベースは1100円のジェットストリーム4&1と同じなんですけれども、グリップにピュアモルトという木が使われています。上の軸はネイビーとなっ

ピュアモルト ジェットストリームインサイド4&1。多機能ペンの中で1番推し。シャーペンと多色が入ったペンは、持ち歩く本数が限られる筆箱には必須。

消しゴムはレーダー派。お気に入りの神宮御山杉レーダー（P134）は大きくてしっかりしているので、このペンケースには不向き。

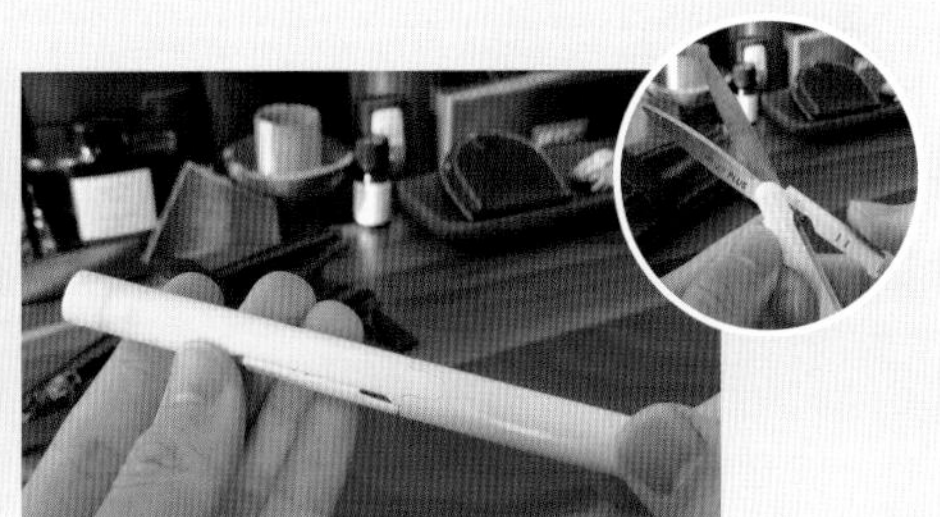

プラスのフィットカットカーブツイッギー。デザインというよりは、切れ味で選んだはさみ。携帯用でも、はさみはやはり切れ味が重要。

筆箱の中身を並べてみると、スリムなボディからは想像できないほど文房具を多く収納できることがわかる。

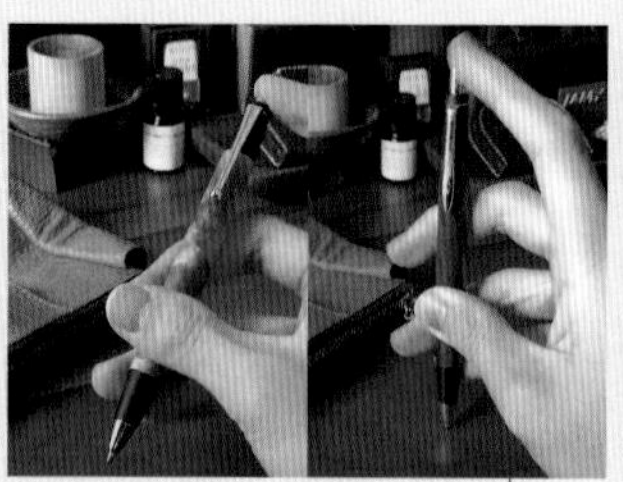

お気に入りの野原工芸のペンは、シャーペン、ボールペンともにペン刺しに収納。傷つかず安心感がある。

中央に大きいペンを入れると不格好でしまりづらくなるため、このスリムなズームのペンが1番落ち着く。

オレンズネロの限定色ガンメタル。プロ仕様のシャーペン。この機能と存在感に負けないよう使いこなしてみたい。

ていて、通常色のブラックと比べるとカジュアルで使いやすいペンですね。これはかなりおすすめです。

シャーペンは、オレンズネロの限定色ガンメタル。微粒なアルミニウム片を塗料に混ぜるメタリック塗装によって金属独特の重厚感に近い質感を感じられるカラーです。重心バランスにこだわり抜いたボディで、超本格的なプロ仕様のペンです。プロでない私が使うのもなんともおこがましい話なんですけれども、その機能を十分に生かせるように使っていきたいなと考えます。このファスナーに入っているペンは、気付いたら全部限定色でした。

1本刺しペンケースの真ん中に入っているペンは、トンボのズーム707の30th記念モデルですね。こちらは全然使えていないペンなんですけれども、かなり細いのでこの真ん中のスペースに入れています。このペンが入っていないと逆に落ち着かなくなってしまいました。

右側に入れているのは野原工芸の欅（けやき）のシャープペン（P70）です。今はガイドパイプが固定された固定式口金を使用しています。固定された口金によってガタつきが完全になくなって、書き味が大きく向上しているので、それが好きで固定式を使っています。とても気に入っているペンで、シャープペンを使うときの95%はこちらを使っています。使っていくと木の柔らかい部分が削れて表面がわずかに凹凸する「うづくり」というのができるんですけれども、さわり心地の変化もひとつの経年変化として楽しめるんじゃないかと思います。

最後はこちらも野原工芸なんですけれども、マーブルウッドのボールペン・スタンダードタイプ（P110）。マーブルウッドは美しい瘤（こぶ）模様が特長の高級木材で、いつ見ても見とれてしまう美しさがあって、ついつい眺めてしまいますね。このペンのおかげでボールペンを使う機会がシャーペンと同じくらい増えました。パイロットのアクロインキが搭載されていて、軸と相まって書き味がいいんですよね。この1本刺しの部分はクリップで留めてもいいんですけれども、野原工芸さんのクリップって硬いので革を傷つけないようにクリップをはさまずに入れています。上に返しがついているので勝手に落ちるということもまずないと思います。シャーペンもボールペンも、野原工芸さんのペンは書いていて楽しいです。

自分は書く楽しさというのが1番ペンに大事な要素かなと思いますね。

CHAPTER 4

筆記具以外の
お気に入り文房具

筆記具にこだわると、当然それをしまう筆箱もこだわらざるを得ません。また、一緒に活躍する定規、消しゴムも同様です。今後は筆記具以外の文房具解説動画も作っていこうと思います。

43 大容量でありながら使いやすいこだわりを感じる画期的な筆箱

663ストーンペンケース・660レイニーペンケース／ルンルン

どちらも中身は同じ構造。大容量でありながら4つのスペースに分かれているため、ひと目で何がどこにあるのかわかる。

ルンルンのストーンペンケースとレイニーペンケースという、ふたつの筆箱の紹介をしていこうと思います。

こちらのふたつは名前は違いますが、中身が同じ構造になっています。外観の素材が違っていて**ストーンペンケースは名前の通り石のようなゴツゴツした質感**があって、ペンケース自体も大きいので迫力がありますね。**レイニーペンケースは布のような質感となっていて**、シンプルで長く使っていけるデザインかなと思います。どちらもPUレザーという合皮が使われているのですが、通気性がよく柔軟性があるため、合皮の中では最高級の素材と言われています。クッション性が優れていて、落としてしまったとしても衝撃がペンに伝わりにくいペンケースです。

チャックを開けていきますと、①ペンを1本ずつ差すところ、②その下の大容量のスペース、③**消しゴムなどの小さい文房具が迷子にならないように小分けするスペース**、④**定規などを入れることができる大きなポケット**の4つのスペースがあります。使いたい文房具をジャンル別に分けることができますし、大容量でありながらひと目で見つけることができる画期的な筆箱だと思います。

構造的には自分が持っているノーマディックのPF05という2階建てペンケースに似ていますが、それよりも容量をさら

▶ 

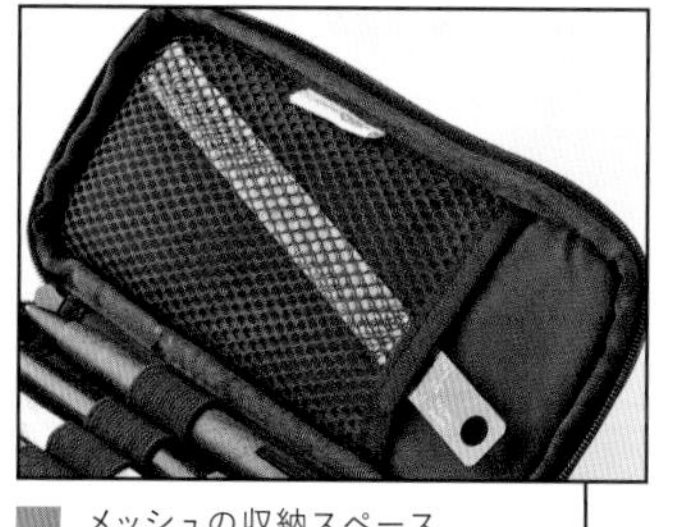

メッシュの収納スペースには、定規や付箋など平たいものを収納できる。

上のスペースには、消しゴムやUSBをしまうと便利。枠が微妙にホールドしてくれる。

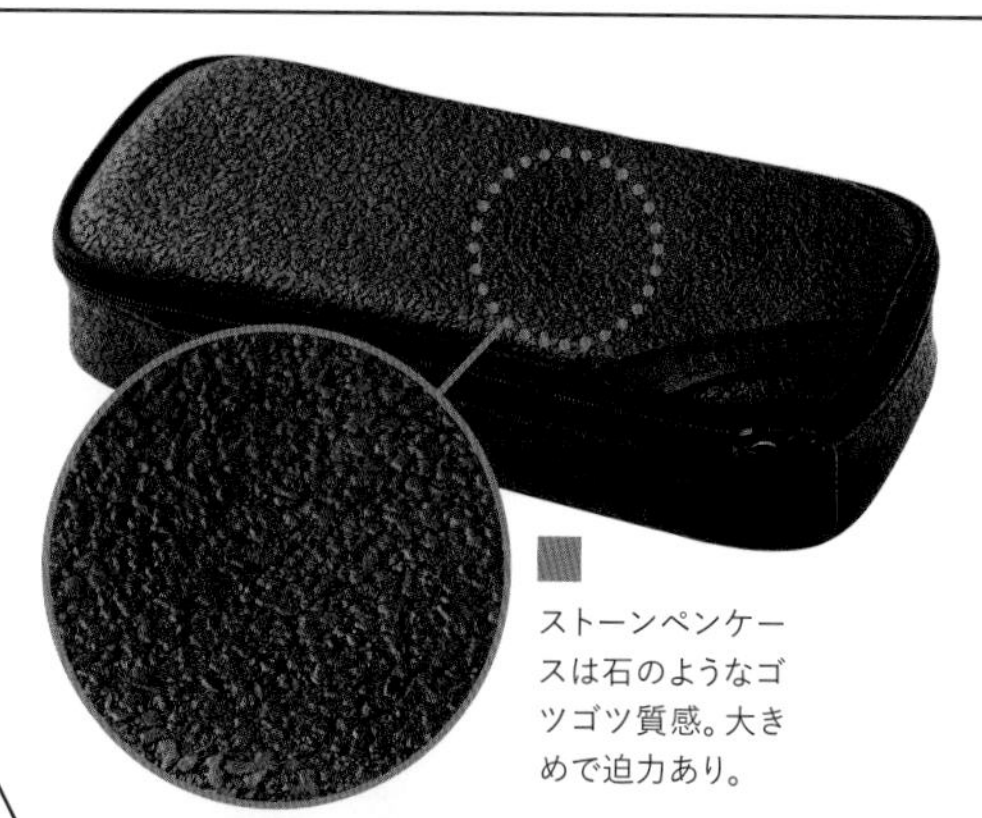

ストーンペンケースは石のようなゴツゴツ質感。大きめで迫力あり。

大容量。マーカーやカラーペンなどをたくさん入れたい、お気に入りのペン一式を持ち歩きたい方向け。

レイニーペンケースの表面は布のような質感（写真左）。丈夫なプラスチックとナイロン生地を重ねたパイピングによってディティールが保たれ、内側にクッション材が入っているので文房具を保護してくれる。

に増やし、もっとたくさんの文房具を入れたいという方におすすめできる筆箱となっています。

ここの1本ずつ差すところには、なんとペンを5本も入れることができます。それぞれ独立してペンを差すことができて、伸縮性のある布となっているのでペンをしっかりホールドしてくれて、ほかのペンを傷付ける恐れがあるローレットグリップのシャーペンや、傷つきやすいペンを入れて、傷を防ぐことができます。

筆箱の底の部分ですが、奥行きと深さがあるので、かなりたくさんの文房具が入ります。こちらにはゼブラのサラサやブレンといった色ペンを入れてもいいですし、1本差しのスペースに入り切らなかった太い多機能ペンなどをたくさん入れることができます。

上の大きなポケットですが、定規や鉛筆、はさみなどを入れるスペースです。ひと目で何がどこにあるかがわかるので、パッと取り出すことができます。

どれだけ容量があるのかわかりやすくするため、中身をぎりぎりまで入れてみました。

これ以上増えるとちょっとパンパンになっちゃうかなという量なんですけれども、個人的には十分満足できる中身となっています。

大きな欠点は特になくて、バランスのいい筆箱だと思います。ルンルンの筆箱とノーマディックの2階建てペンケースと「どっちがいいですか」と聞かれれば、かっこいいデザインやコンパクトさを求めるならばノーマディック、たくさんの容量を入れたい方や、中のペンを確実に守りたいという方にはルンルンをおすすめするかなと思います。

44 作業に集中できなくなるほど美しい究極にペン想いの筆箱

レザーラウンドジップ10本差しペンケース／ガレンレザー

傷やシワが始めから付いていて、クレイジーな馬のような質感が特長的。

トルコの工房が作った10本差しペンケース。スペースにはかなり余裕があり、ペン以外の文房具も入る。牛革の中で最も高級で耐久性に優れた、フルグレインレザーを使用。自然な素材の味を楽しむのが醍醐味。

トルコ・イスタンブールの**ガレンレザーという工房さんのレザーラウンドジップ10本差しペンケース**のクレイジーホースブラウンというカラーを紹介します。**傷とかシワは最初からついていて、クレイジーな馬のような質感**が特長的な素材となっています。

　牛革の中で最も高級で、かつ耐久性に優れた部位となっています。自然な素材なので傷がつきやすくて、雨とかで濡れてしまったらシミが目立ってしまうので取り扱いには注意しなければいけないんですけれども、そういう味を楽しんでいくのもひとつの醍醐味かなと思います。

　ファスナーの金具は大きくてゴツゴツしています。頑丈そうな見た目をしていて、安心のYKK製のファスナーが使われています。

　開けていきますと、**両側に大きな床革のような生地が全面に覆いかぶさっています**。最初はフェルトかと思っていたんですけれども、頑丈な生地でダマができづらいので、おそらく床革が使われているんじゃないかなと思います。床革をめくると5本ずつの計10本のペンを**留めることができるゴムバンドが用意**

▶ 

ファスナーの金具は大きくてインパクトあり。安心のYKK製で、見た目のわりに開けやすい。

開くと両面大きな生地で覆われている。かなり頑丈で、ダマができづらい。

床革をめくるとゴムバンドの1本差しが。5本ずつ計10本のペンを留めることができる。1番外側は少し広め。

されています。自分は筆箱に入れたいペンがたくさんあって、なおかつすべてのペンを傷から守れるような筆箱がほしいという欲張りな性格なので、この中身を見たときは「これしかない！」と思いましたね。気になるお値段は9420円でした。

10本のペンを差してみました。なかなかいい景色です。こちらの覆いかぶせる大きなベルベットがよい役割をしてくれていて、閉じたときにペン同士が当たらないようになっていて、傷から守ってくれる筆箱となっています。

中には厚紙のようなものが入っていて、しっかりとした素材でクッション性も持ち合わせているので中のペンを衝撃からも守ることができます。そういうことからも、ペン想いの筆箱だということがおわかりいただけるんじゃないかなと思います。

太めなペンを入れるのを目的としたゴムバンドなので、ピュアモルトという木が使われたジェットストリーム4&1（三菱鉛筆）になんかは丁度いい感じに入れることができました。ただ、同じ太さなんですけれどもラバーグリップのジェットストリーム4&1はさすがに引っ掛かりを感じてしまいました。直径10㎜以上の太さのペンをメインで入れたいと考えている方におすすめかなと思います。

ベルベットの素材は思った以上にしっかりとしていて、毛羽立ってしまったり破れてしまうことはまずないかなと思いました。ベルベットのありがたいところはほかにもあります。ベルベットがないとペンを取り出すときにファスナーの金具とペンが干渉して傷付けてしまう心配があるので慎重に取り出す必要があるのですが、ついていることでファスナーの金具とペンが当たらないように守ってくれて、取り出すのが楽です。買ってから気づいたんですけれども、よくできたペンケースだなと思いました。

45 さりげなく〝いいもの感〟が伝わる こだわり抜いた筆箱

バルコペンケース／レンマ

上質なイタリアンレザー使用、made in kobeの上品さが魅力。さりげなく「いいもの感」が出る。

ロゴの刻印が上品。丁寧に時間をかけてオイルを染み込ませるバケッタ製法で革をなめしている。触り心地も抜群。

シンプルこそ最高なのかもしれません。そう思わせてくれたのは、レンマというブランドのペンケースです。真っ白なボックスのパッケージに入っていて、開封前からおしゃれで清潔感がありました。

ミネルバリスシオという上質なイタリアンレザーを惜しみなく使った、メイドイン神戸のおしゃれな筆箱です。革のいい香りも漂ってきます。

レンマを立ち上げた藤原さんという方は、20代の頃に趣味で始めたレザークラフトにどっぷりとハマって、その勢いでブランドを立ち上げたそうです。

本当に必要な機能とは何か、なくてはいけないものは何かを考え、引き算のデザインで作られたこちらの筆箱。使われているパーツはすべてこだわり抜いたものを厳選していて、上品なんですよね。下手に高そうに見えなくて、さりげなく「いいもの感」が伝わってきます。

外側には上品にロゴが刻印されています。自分は外にロゴがある筆箱ってあんまり好きじゃないんですけれども、レンマのペンケースはおしゃれなフォントと筆箱全体のデザインがマッチしていて、ロゴがある方がいいと思ったほどです。

時間をかけてゆっくりとオイルを染み込ませるバケッタ製法

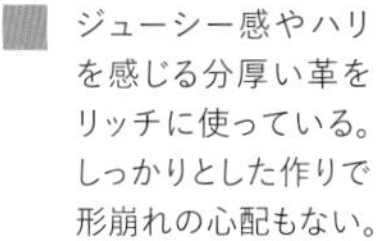
ジューシー感やハリを感じる分厚い革をリッチに使っている。しっかりとした作りで形崩れの心配もない。

有名なYKK社製品の中でも最も高級なエクセラファスナーを使用。スライドがとてもなめらか。

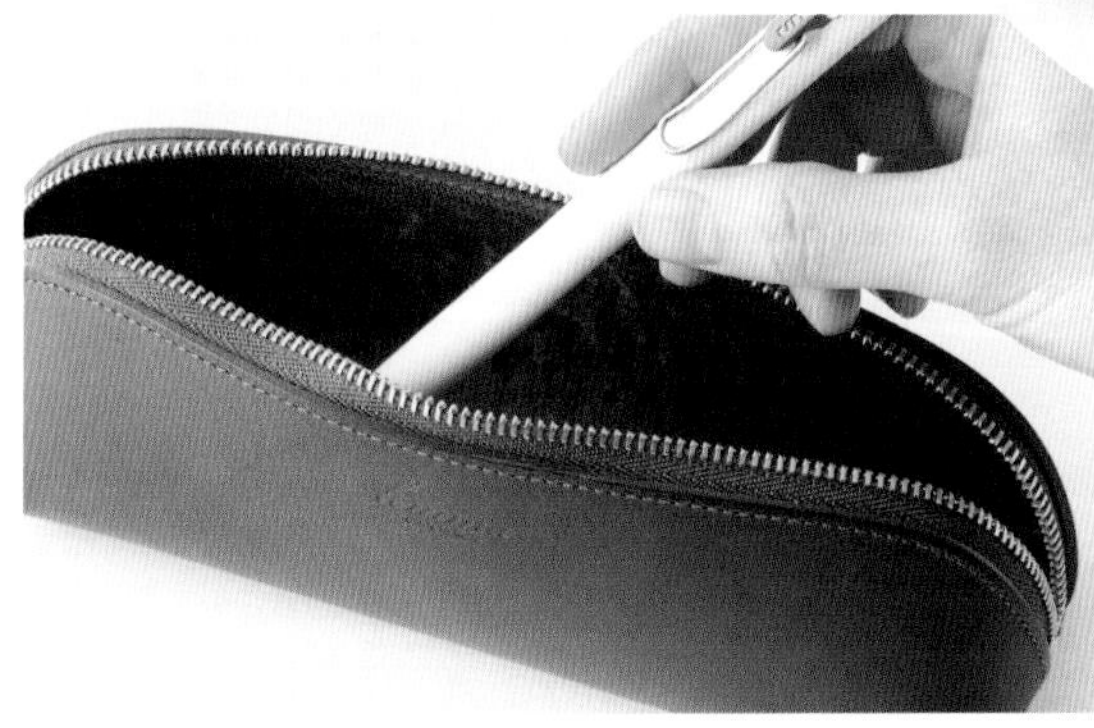

かなり大きく開くので、奥のほうに入れたペンを取り出しやすい。ペンは15本程度収納可。

で革をなめしています。千年以上も受け継がれている製法で、触り心地のよさや、水に強いのが特長です。カラーは7種類用意されています。

　このペンケースには、レザーのジューシー感やハリを損なわないように、あえて**分厚い革が使われています**。オイルをたくさん含んでいる革なので、使っていくごとに艶や色の変化を楽しめるそうです。

　1枚の革がぐるりと巻かれた作りになっていて、底に芯材は入っていませんが、形が崩れてしまうということもなく、安定感がありますね。

　ファスナーはYKK社の製品の中で、**最も高級なエクセラファスナーが使われています**。繊細で上品なきめ細かいファスナーで、スライドがとてもなめらかでした。

　この筆箱の値段は5500円で、革の筆箱としては普通くらいの価格設定ですが、使われている素材を考えると良心的な価格だと思います。

　ファスナーががばっと**大きく開くので、中が見やすくて取り出しやすいです**。一般的な太さのペンを15本程度入れることができました。革の筆箱は7、8本入れれば充分な容量なので、大容量ですね。ただ、中身がジャラジャラ動くので、ペンに傷がつきやすいと感じました。

　全長17・5㎝の長めな定規も入れることができます。大きめな消しゴムや、テープのりも余裕で入ったので、中高生の方にはありがたいんじゃないでしょうか。いい意味で高そうに見えないので、学校でも使いやすそうだなと思います。「ちょっと品質にこだわって、長く使える筆箱を使ってみたい」と考えている学生の方に、おすすめです。

　自分はレビューする立場なので、デメリットを見つけようとしてしまうんですが、レンマペンケースに関してはデメリットが見つけられないほどいい筆箱でした。

46 軽量かつ高強度でかっこいいカーボン繊維製のスケール定規

カーボン繊維定規／トライテック

トライテックというメーカーのカーボン繊維定規を紹介していこうと思います。

こちらは、**軽量で強度が高いカーボン繊維**でできています。カーボンの模様がかっこよくて、デザイン性にも優れているということで購入しました。

細い糸状の炭素繊維を布のように縫い合わせているので、ただの黒色ではなく、見る角度によって見え方が変化し、深みのある黒色となっています。

カーボンファイバーは**航空機やレーシングカーなどに使われるほど軽い素材**なので、定規としては使い勝手がいいと思います。振動吸収性にも優れているので、高級なロードバイクやテニスラケットなど、スポーツ用品にも多く使われていて、最高の素材とも言えます。ただ、大量生産ができない素材なので、コストが高くなってしまうのが大きな欠点です。そんな高級素材でできていますが、自動車や航空機のように面積をとらない小さな定規なので、1590円という価格で購入することができます。それでも一般的なアルミ定規と比べると4倍近い値段となっています。

15㎝モデルですが、定規の上

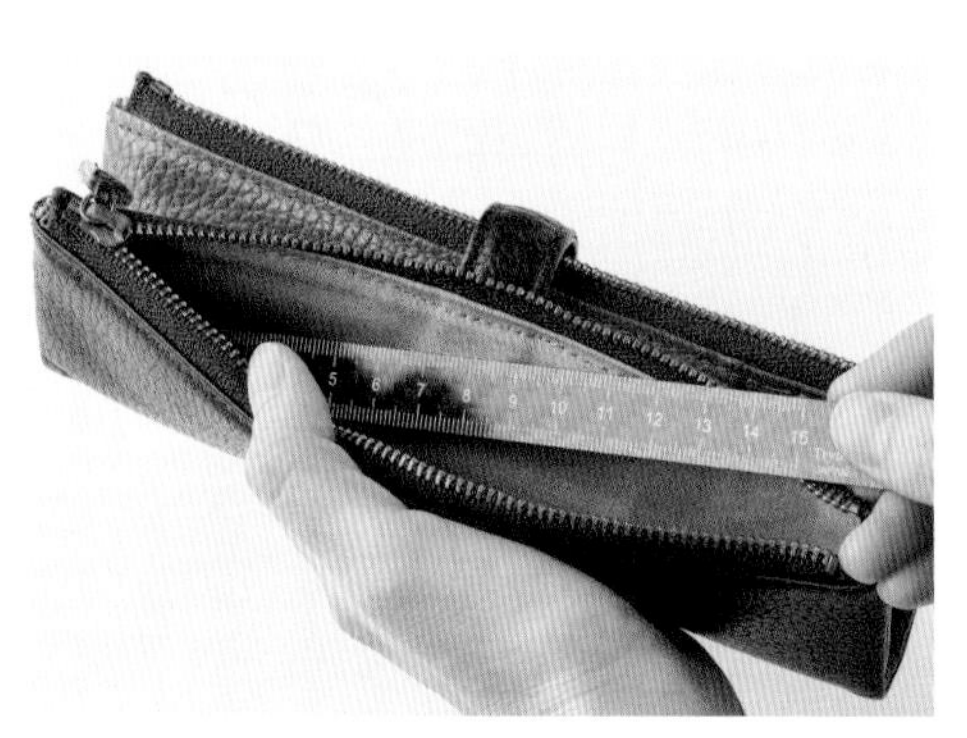

航空機やレーシングカーなどにも使われるカーボンファイバーはとにかく軽く、強度が高い素材。使い勝手のよさの理由はここにもある。

細い糸状の炭素繊維を布のように縫い合わせている。角度によって見え方が変化し、黒色の表情の違いを楽しめるのも魅力。

軽くて強度も高いので、取り回しやすいのが特長。見た目もかっこいいので、デザイン性にこだわる方におすすめ。

▶ 

の部分に穴が開けられているため、全長が17・5㎝とちょっと長くなっています。入らないペンケースもあると思うので、購入される前に入るかどうか確かめた方がいいと思います。BTペンケース（スリップオン）には入りませんでしたが、ルポペンケース（P122）には入れることができました。

アルミや真鍮（しんちゅう）製の定規だと、落としたときの音が大きくなってしまいますが、カーボン繊維定規は音を抑えることができるので、外でも使いやすいなと思いました。

定規のメモリには精度があって、環境によってどうしても誤差が生じてしまいます。木製の定規はぬくもりが感じられて好きだという方もいますが、温度や湿度によって木が変形するので特に誤差が出やすいと言われています。その点、このカーボン繊維定規はメモリの精度も±0・2㎜と高品質なので、より正確な長さを測りたいという方にもおすすめです。

自分が持っている**4つの定規と比較**すると、カーボン繊維定規はスリムで長いので、スタイルがいいなと感じました。

重さを量ってみると、ミドリの真鍮定規が27g、ハコアのアルミとメープルの定規が17g、ミドリのアルミ&ウッド定規は2本とも12g、そしてカーボン繊維定規は驚きの4gという結果になりました。数字で見てみると、カーボン素材は軽いことが改めて分かりますよね。

実際に**線を引いてみると、少しざらざらと引っ掛かりがある**なと感じました。長く使っていくうちに、ペンに触れる部分がフラットになって引きやすくなるかなと思いますが、新品はアルミ定規ほどスムーズな引き心地ではありませんでした。

軽くて強度も高いので、取り回しやすい定規です。なによりもデザインがかっこいいので、おしゃれな定規を探している方にはおすすめです。

線を引いてみると、若干ざらざらとした引っ掛かりを感じる。長く使っていくうちに引きやすくなりそう。

自分が持っている4つの定規と比較すると、カーボン繊維定規はスリムで長さがあり、スタイルがいい。

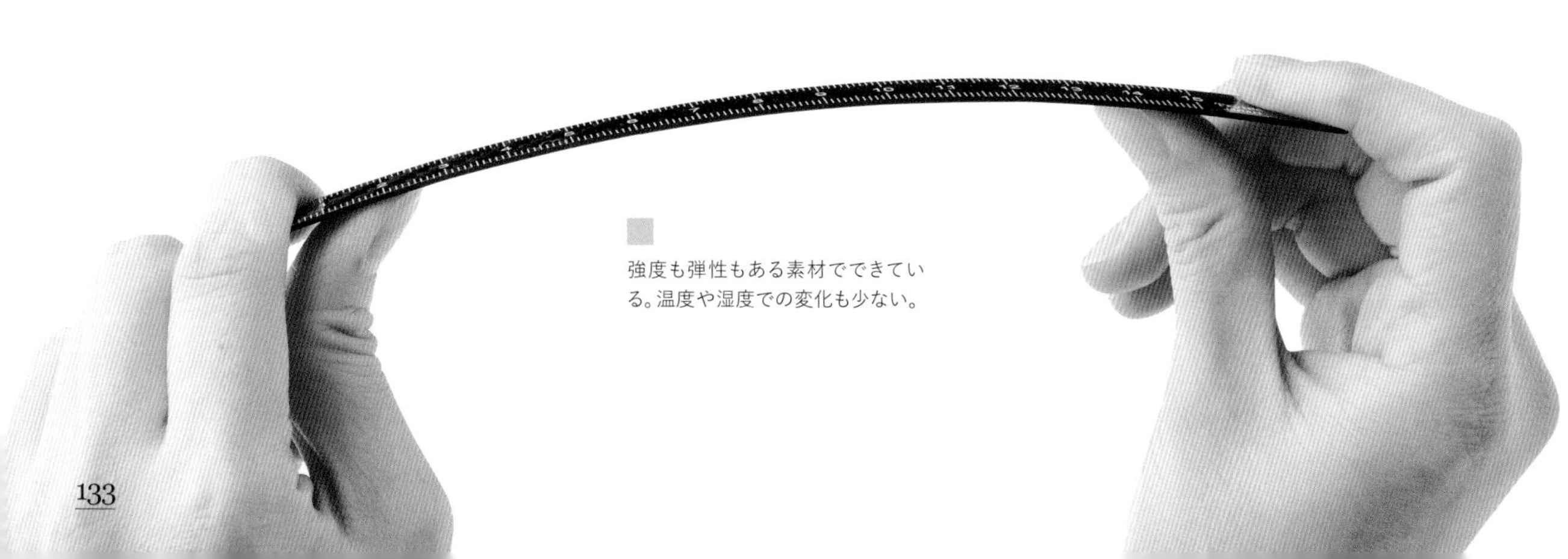

強度も弾性もある素材でできている。温度や湿度での変化も少ない。

47 神宮御山杉（じんぐうみやますぎ）がケースに使われた杉の風格を味わえる消しゴム

神宮御山杉レーダー／シード

神宮御山杉（じんぐうみやますぎ）がケースに使われた消しゴムを3カ月くらい使ってきたので、正直な感想を紹介していこうと思います。

台風などで倒れてしまった**伊勢神宮の神域で育った樹齢300年以上の杉がケースに使われている**ということで、温かみのあるデザインとなっています。消しゴムとして使うというのはなかなか恐れ多いところはあるんですけれども、**ひとつひとつ木目が全然違ってくるので、木が使われているものっていうのは愛着が湧くんです**よね。

こちらは1個550円で販売されていて、同じ大きさの普通のレーダーの消しゴムと比べると、5倍も高いプレミアムな消しゴムとなっています。

買った当初はケースに書かれているロゴマークがくっきりとしていてわかりやすかったんですよね。ですがなにも気にせず3カ月間使ってくると、ロゴが薄くなってしまっています。中高生の方はもっと使う機会が多いと思うので、早く変化していくんじゃないかなと思います。

ただ、これはこれで味があっていいですよね。杉の風格をより味わえるようになったんじゃないでしょうか。

木の色は少しだけ濃くなった感じですね。買った当初はもっと濃くなるんじゃないかなと思っていたんですけれども、あんまり変わらないかなという印象です。

使ってきて1番残念だなと思

シードレーダーのケースに神宮御山杉を使用。使い続けると、杉の風格をより味わえるようになるかも。ケースにはロゴマークがくっきり。レーダーに愛着がある人にはたまらない雰囲気。

ひとつひとつ木目が違うので愛着が湧きやすい。木製好き、筆箱の中を木で統一したい人にはうれしい消しゴム。

▶ 

ったところがありまして、ケースが破れやすすぎるんですよね。素材は和紙と薄くスライスした杉の木ということで、耐久性はまったくないです。慎重に使ってきた方だとは思うんですけれども、どうしても角のところから破れてしまって、おそらく消しゴムを使い切る前に全部破れてしまうと思います。

消しゴムはまだ全体のうちの5%ぐらいしか使っていないんですけれども、これだけボロボロになってしまっているので、ケースとしてこの素材を使うというのは向いていないかなと感じました。

最初のうちはこのケースを捨ててしまうのがもったいないと思ったので、使い切ったら新しく同じ大きさの消しゴムだけ買い直そうかと考えていたんですけれども、逆にケースから使えなくなってしまう可能性があるので、どうしようかなと迷っているところです。

消しゴムがどんどん小さくなっていったときに、ケースを切ろうか切らないかっていう問題もありますよね。

こちらの消しゴムは**ちょっと大きめなサイズなので、筆箱によっては圧迫してしまうこともあるかと**思います。もうひと回り小さいのもあったらいいなと思いました。

1個550円もする消しゴムですし、すぐにボロボロになってしまうので実用的な消しゴムとしておすすめできるかと言われたら、おすすめはしないですね。

例えば合格祈願みたいな感じでお守りとして飾っておいたり、筆箱に入れておいたりするのがいいんじゃないかなと思います。

自分みたいに木が好きで、筆箱の中を木で統一したいと考えている方にはもってこいの消しゴムかなと思っています。

パッケージにもこだわりを感じる。「御神木を使用」とさらりと書いてあるが、かなり恐れ多い。文字と一緒に邪気も祓(はら)えそう。

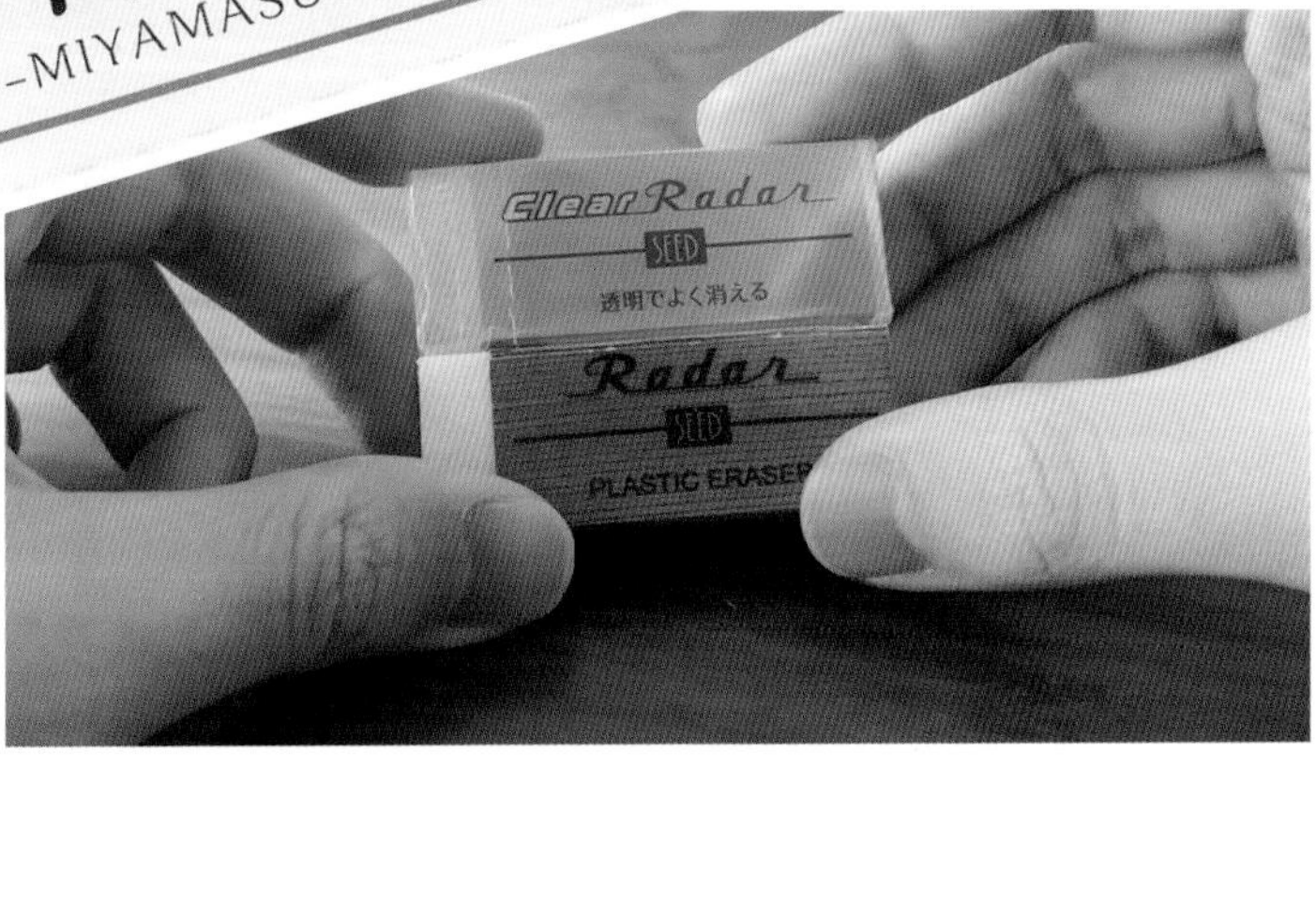

サイズはほかのレーダーの同シリーズとほぼ同じ、54.5×19.8×10.7mm。

48 眺めるだけでも楽しい木と金属でできたおしゃれな消しゴム

ツイスト消しゴム／クラフトエー

一見すると消しゴムには見えない、木と金属でできた雑貨のようなおしゃれなツイスト消しゴム。

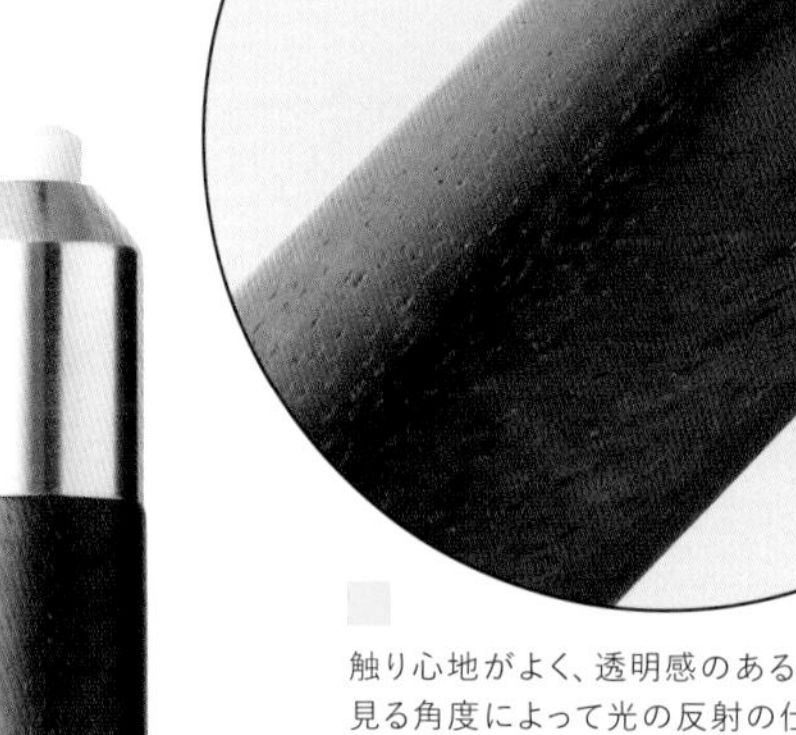

触り心地がよく、透明感のある美しい模様。見る角度によって光の反射の仕方が変わるので、深みがあって眺めるだけでも楽しい。

木と金属の雑貨のように見えるので、このまま机の上に飾っておいてもおしゃれ。見た目が美しく、消し心地も安定している。

クラフトエーのツイスト消しゴムを紹介していこうと思います。

こちらは**一見すると消しゴムには見えない**ですよね。木と金属の雑貨みたいに見えるので、このまま机の上に飾っておいてもおしゃれだと思います。

実はこちらは木と金属の部分を回すことで消しゴムを繰り出すことができる、**回転繰り出し式の面白い消しゴム**となっています。

お値段が4400円ということで、文房具にハマるまでは消しゴムにこんなにお金をかけるとは思ってもみませんでした。これだけいいお値段がするんですけれども、筆箱の中を木で統一したい方や、おしゃれな文房具でそろえたいと考えている方にささる商品だと思います。

どうして高いのかと言いますと、使われている木材に結構コストがかかっているからだと思います。**グラナディロという、ギターでよく使われている木材が使われている**んですけれども、繊維がぎっしりと詰まったような感じがして、触り心地がいいです。透明感のある美しい模様が特長となっています。

見る角度によって光の反射の仕方が変わってくるので、深みがあって眺めるだけでも楽しいですね。

金属の部分は重厚感があって、木材との組み合わせがいいアク

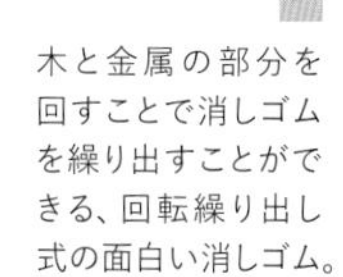
木と金属の部分を回すことで消しゴムを繰り出すことができる、回転繰り出し式の面白い消しゴム。

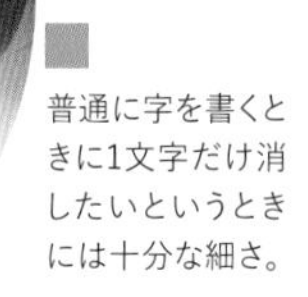
普通に字を書くときに1文字だけ消したいというときには十分な細さ。

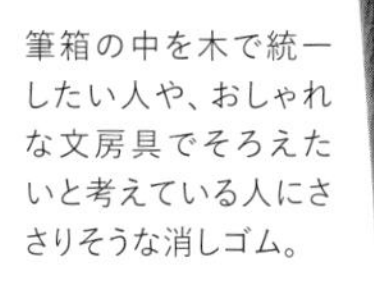
筆箱の中を木で統一したい人や、おしゃれな文房具でそろえたいと考えている人にささりそうな消しゴム。

セントとなっています。材料は真鍮（しんちゅう）で、削り出ししてメッキ加工が施されているそうです。

消しゴムは実際に消してみると、思ったよりも安定感があります。ピンポイント消しゴムっていうのは、先端がぐらつきやすく安定感がないものが多い印象なんですけれども、このツイスト消しゴムは**金属と木で補強されたボディなので、安定した消し心地**だなと感じました。**ひと文字だけ消したいというときには十分な細さ**の消しゴムだなと思います。

軸の直径は大体16㎜ぐらいなので、普通の消しゴムを握るときとほぼ同じような感じで消すことができます。

ただ、こういうスリムな消しゴムにしては太い方なので、容量の少ない筆箱に入れるのはあまり向かないかなと思いました。Cカンパニーのルポ・ペンケース（P122）に入れてみると膨らんでしまいます。ガレンレザーのレザー ラウンドジップ10本差しペンケース（P128）には支障なく入れることができたので、とりあえずはここのスペースに入れて使っていこうかなと考えています。

ランニングコストもそこまで高いものでもないですし、1度本体を買ってしまえば長い間気に入って使っていけるんじゃないかなと思います。

自分はそこまで細かい字を書くことはないので、1文字だけ間違えた字を消したいときにはこちらの消しゴムを使って、たくさんの文字をまとめて消したいときにはシードレーダーの消しゴム（P123）を使っていこうと考えています。

今もっとも熱い！ 文房具YouTuber対談

「文房具」と「動画」正解のない世界を楽しむ

発信スタイルが異なる似た者同士!! 人気YouTuberが考える「文房具動画」とは？

もともとTVチャンネル

毎週土日文房具動画配信中
月曜日はラジオやってます

もともとTV
チャンネル登録者数4.93万人
登録済み
ホーム 動画 再生リスト コミュニティ チャンネル 概要

もと弟（もとでい）
もともとTVチャンネルにて、毎週土・日曜日に「文房具動画」、毎週月曜日には「ラジオ」を配信中。中学3年生の頃に友達の影響でハマった文房具の魅力をYouTubeを通して発信している。モットーは楽しく・わかりやすい動画制作。
https://www.youtube.com/channel/UCUhFBnoVQAzwNGa57Dbn8Ow

誰かが見てくれたら楽しい!! 純粋なノリが今につながる

しーさー（以下、(し)） お忙しい中、今日はお時間を取っていただきありがとうございます。

もともとTV（以下、(も)） 実は今、僕、無茶苦茶緊張しています。今回、しーさーさんが僕のファンということでこの場に呼んでいただいたと思うんですけど、僕こそしーさーさんのファンなんですって。だからだいぶ緊張してるんです。

(し) そうなんですか（笑）。プロフィールを拝見したんですけど、中学3年生から文房具にハマっていった感じなんですね。YouTube自体は最初はお友達同士でやっていたんですよね、商品紹介とか。なにがきっかけで文房具動画に変えたんですか？

(も) 中3のときに友達の影響で文房具にハマったのをきっかけに、YouTubeで文房具の動画を見るようになったんです。筆箱紹介という動画が面白くて、いろんな人の筆箱やその中身とか見ていくうちに、自分でも文房具を集めるようになって。そうしたらだんだん文房具も揃ってきたので、そこで、「これ、おれもできるやん」と思った。それをYouTubeに上げたら、それまでに見たことないような動画再生数になって。そこでちょっと、「文房具いいな」となって。

(し) そうなんですね。

(も) そこからしばらくは文房具と商品紹介を両方やっている感じだったんですけど、再生回数を見ると文房具の動画ばかりめっちゃ伸びていて。そこで文房具以外の動画の需要はないなと気付き、「だったら文房具系YouTuberとして伸ばしていった方がいいだろうな」と思ったのが、中学3年生のころ。

(し) 中学3年生で文房具動画をはじめた当初は、チャンネル登録者を増やそうとか、動画の再生回数を伸ばそうとか、そういうことは考えていたんですか？

(も) いや、数字とかはまったく気にしていなくって、「チャンネル登録者数とか、そんなのあるんや」くらいのレベル。だから、世界に向けて動画を発信して「誰か見てくれ」って、そういうノリでやってましたね。

(し) でも確かに最初はそういうノリかも。最初から文房具の動画を出していたんですけど、僕もはじめは「誰かが見てくれたら楽しい」と思うだけで。

台本アリ？ ナシ？
制作スタイルもそれぞれ

(し) もと弟さんは、動画を作成するにあたって台本って書いてます？

(も) がっちり作り込む感じではないけれど、A4の用紙にタイトルを書いて、どういう流れで進めていくかとか大まかなことを書いてますね。例えばシャーペンだったらここの特長は絶対に説明するというものとか、言い忘れちゃいけないものは書いておいて、カメラを回しているときでも言ったらチェックをするという感じで進めています。

(し) 自分は動画の構成を作るとき、グーグルドキュメントに全部、一字一句書いてやってるんです。

(も) そうですよね、しーさーさんのはナレーション付き動画だから、きっと一字一句書いてやってるだろうなって思ってた。

(し) そうなんですよ。前まではずっとそうやってきてたんですけど、一字一句書いておくと、とんでもなく大変なんですよね。だから最近はちょっと変えて、要点だけ書いておいて、アドリブで進めるようにしたんです。

(も) でもあの動画って一発撮りですよね？

(し) 一発撮りです。動画を撮りながらナレーションをしているんです。そのナレーションの動画部分をいったんカットして、そこから改めて動画を作って、ナレーションを当てはめてます。

(も) 編集が相当大変でしょ。しかも最近iPad pro買ったって言ってましたよね。その前はスマホでやってたんでしょ？ あんなクオリティの高い動画をスマホ1台で撮るってすごい。

(し) 字幕はあまり入れないタイプなので、正直スマホでいけるんじゃないかなと思ってたんですよ。でも、iPad proを使ってみて、なんでもっと早くに買わなかったのかと後悔した(笑)。

(も) (笑)。字幕に関しては、僕としても入れて欲しくないですね。

(し) え、そうですか？

(も) 僕の立場がなくなるというか……。

(し) でも、僕は今後もフォントは入れないと思いますね。

(も) 僕、しーさーさんの動画をほぼ全部見てるんですけど、1回、ステッドラーかなにかでめっちゃ、フォント入れたのがありましたよね。

(し) 入れました。あれはiPad proを買ったばっかりのときですね。新しい動画ソフトを入れて動画編集をしようということになって、これまでスマホでしか使っていなかったので、いろんなフォントが試せるのが面白くて、入れたい文字を全部

iPad proを購入直後にフォントを試したくて、文字ばかりを入れてしまった珍しい回。

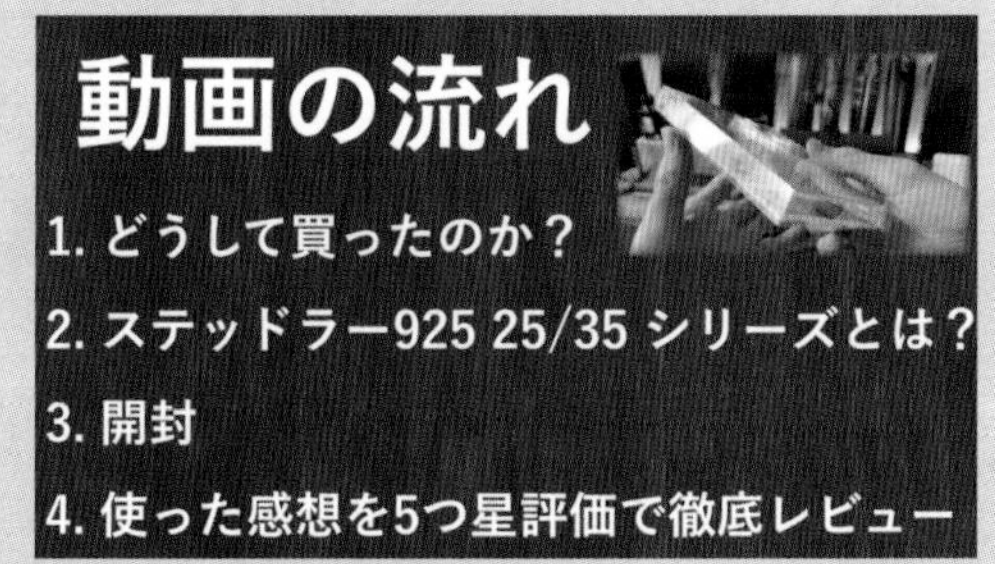

動画の流れ
1. どうして買ったのか？
2. ステッドラー925 25/35 シリーズとは？
3. 開封
4. 使った感想を5つ星評価で徹底レビュー

もともとTV × しーさー

入れたんですよ。そしたら文字だらけになっちゃって。

も いや、あの動画見たとき、僕、めっちゃ焦りましたもん。もしこれに視聴者がハマってこのスタイルをしーさんに続けられたら僕の立ち位置やばいな、どないしよって（笑）。

し そんなそんな（笑）。

YouTuberは試行錯誤 正解のない世界で方向性を探る

し 編集ってどれくらい時間かかってます？

も ものによって違うけれど、大体3時間くらい？

し そうすると、撮影とか全部入れると5時間くらいということですか？

も そうですね。僕、めちゃめちゃ噛むんで。例えば10分の動画を撮影するのに、噛むから結局30分くらいかかってしまう。毎回毎回、撮影するときに「今日は噛まずにいくぞ」と意気込むんですけど、意気込めば意気込むほど、噛んでまうんですよね。

し あるあるですよね。意気込むほど噛む。ナレーションを入れるとき、僕も結構噛むんですよ。3分に1回とか。でも、お酒を飲んだ後にナレーションをすると、なんか噛まないんですよね。

も あ、じゃあ今度、僕もお酒飲んで撮影してみます（笑）。

し 動画を作っているときって、なにかこだわりあります？

も 文房具系YouTuberってものすごく増えてきているんで、自分の動画を見てもらうためには、他との差別化を図っていかないとダメだなと思ってやってますね。

し 結構増えましたもんね、文房具系YouTuber。

も 今、中学1年生とかいますしね。僕、全然有名でない人の動画とかも見たりするんですけど、なんかもう、びっくりしますよ。「僕が大学生になって初めて買ったものを、もう中1が持ってる！」みたいな。中1で野原工芸持ってるやん、って。僕が中1のときなんて、野原工芸なんて、金額的にも絶対に買えなかった。

し なんか、財力上がってますよね、最近の学生さんって。あとはやっぱり、動画を誰もが出しやすくなったというのもあると思うんです。そうした背景もあるから、今までは見えなかった人たちが、あぶりだされて目立つようになったということなのかな、とも。もと弟さんは、今後はどういう感じで動画を続けていこうと考えています？

も トライアンドエラーで、求められる動画を作っていこうという感じかな。どんな動画を出しても絶対に、「よい」という人もいれば「ダメ」という人もいるから。

し YouTubeって、「絶対的な正解のない世界」ですよね。なにをやっていくのかを自分で決めないといけない、厳しい世界でもある。試行錯誤って本当に大事ですよね。

動画で自作の革製ペンケース そのトリッキーさに衝撃

し YouTubeになって起こった奇跡、「まさかこんなことが！」みたいなエピソードってあります？

も 僕の人生において、今回のこの対談は本当に貴重で、まさに奇跡のような体験（笑）。僕は、しーさんの登録者数が1000人ちょっとくらいのときにはじめて動画を目にしていて、そこからずっと見続けてるんですよ。そんな人と今、こうして対談できてるっていうのが、ほんとすごい。で、世の中にこんなにいろんなペンケースが存在する中で、しーさんは自分で革のペンケースを作って紹介をするっていうトリッキーなことをしてて、「なんかすごいな、この人」って思ったんですよ（笑）。

し ああ、作りましたね、ちょうど6年前に。僕の母が手芸が趣味で、たまたま革の裁縫セットを持っていたんで作ってみようって思ったんですよ。

も あれは衝撃でしたね。僕、いろんな筆箱紹介を目にしてたんですけど、自作のペンケースで筆箱紹介っていうのはほかにはなかったんで。そのペンケースの完成度もかなり高いし。

し いやいや、あれはステッドラーのロールペンケースをパクっただけなんですけど（笑）。

も しーさーさん、最近買いましたよね、ステッドラーのロールペンケース。

し 買いました、本物のロールペンケースを。やっぱり、自作のものよりクオリティが高いなって実感しましたよ。僕はもと弟さんの動画だと「カヴェコペンシルスペシャル」が好きです。カヴェコを買うきっかけになりましたもん。

も あれは、自分で言うのもなんだけど、影響力のあった動画だなと思う。

し いや、だいぶありますね。

も あれは僕のまわりの友達にも影響があったんです。高校生の頃、大学受験のために塾に通いはじめたときに久しぶりに会った友達が、カヴェコスペシャルを使ってて。「お前、よくそんなの使ってるな」って言ったら、「いや、動画見ていいなと思って」って言ってて。あ、そうなんや、影響力あるやん自分、って思った。

YouTubeをはじめた頃にアップしたロールペンケースの回。その頃は高嶺の花だったステッドラーのペンケースを模して作った。

もともとTVの動画を見たことがきっかけで購入したカヴェコスペシャル。

チャンネル史上外せない「ルンルン」のペンケース

も 僕よりしーさーさんこそ、めちゃくちゃ影響力あるでしょ。

し どうなんでしょう。でも、ルンルンのペンケース（P126）は、正直、あるかなって思ってる。

も あれは今、メジャーなペンケースになってきているけれど、あれもしーさーさんが紹介してからですもんね。

し たぶん、日本で最初に紹介した気がしますね。

も 実は同時期にルンルンさんから提供の話が僕にも来てたんですけど、そのメールを見逃してて。

し その話、ルンルンの中の人から話を聞いてます（笑）。「日本のYouTubeの人気上位の人に話を持ち掛けているんだけど、もと弟さんからは返信がない」って言ってた。

も マジっすか（笑）。

し そういえばご自分で買ってませんでした？

も そう、自分で買って、それ

を紹介した動画をルンルンさんが見て、「買ってるじゃないですか!」って連絡が来た（笑）。僕、最近、視聴者の意見で筆箱ランキングみたいな動画を作ったんですけど、それの1位が圧倒的多数でルンルンさんのペンケースだったんですよ。たぶん、しーさーさんがルンルンのペンケースの動画を出す前に同じアンケートを出していたら、ベスト5にも入っていなかったんじゃないかな。

し あのとき、僕、ルンルンのペンケースだけで動画を6本くらい出したんですよ。どの動画も勢いがすごくて、視聴者の求めている筆箱ってこういうのなんだって気付くきっかけになったんです。自分にとってもあのペンケースは、チャンネルの歴史を作るうえでなくてはならないものだったと思っています。

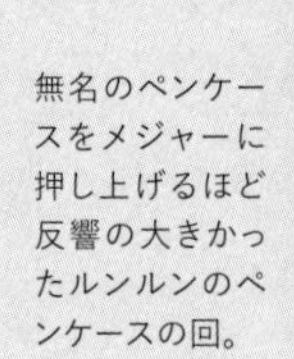

無名のペンケースをメジャーに押し上げるほど反響の大きかったルンルンのペンケースの回。

動画をストックしておくことで精神的には余裕だけれど……

し そうそう、前からもと弟さんに聞きたいと思っていたことがあって。動画って毎日作ってるんですか?

も いや、全然そんなことないです。週2本投稿で文房具紹介をしている状況です。

し 撮り溜めは?

も しないですね、撮ったらすぐに上げて視聴者の反応を見たいんです。毎週土日に1本ずつ上げるって決めていて、視聴者が待っていると思うから責任感が勝って、そこに間に合わせるように動画を作っています。長くこのペースでやっているので、最近ではすっかり習慣化して、無理なく上げられるようになってきましたね。

し 僕も、今までは撮ってすぐに上げるようにして週に2〜3本公開してきたんですけど、今、撮り溜めていて。ここらでちょっと、精神的に落ちつけてみようかなと。

も ストックがあると安心しますよね。その気持ちはわかります。でも自分の場合、溜めておくともやもやしてしまうんですよ。

し 僕も今までは撮り溜めていなかったんです。でも僕、今度大学4年生になるんですね。就職活動がはじまるんですよ。そうすると撮れなくなってしまう日がいつか来るんじゃないかという恐れが出てきたんです。そこで、安定して動画を出せるように溜めるようにしたんです。最初のうちは僕も、撮ったらすぐに出したいなという気持ちが強かったんですけど、今は12本くらいストックがあるんです。そうなってきたら、モチベーションはストックの本数を増やすことに移ってきた（笑）。

も そこまでいけば、そのストック分が心の余裕になるんだ! すごいな、12本。僕も目指そうかな。

し 気が楽ですよ、12本ストックがあると。1カ月なにもしないでも生きていけるかもって思える。

も ですよね。僕は週に2本ペースで公開してるから、12本もあれば1カ月半分。だいぶ休めますね。

書くことにハマって
勉強が楽しいと感じるように

し もと弟さんは、今後の展望はどのように考えていらっしゃいます？

も 登録者数が5万人までもうちょっとなので、今の目標は5万人を目標にしてます。目標で、大学生のうちは文房具系YouTuberとしてやっていこうと思ってます。あと、自分は中学生のころまで勉強が大嫌いだったのが、中3でシャーペンにハマってから書くのが楽しくなって、勉強も楽しく感じてきたので、自分と同じように、勉強を苦手と感じているような学生に、文房具きっかけで勉強を面白いと感じてもらえたらいいなと、そういう学生を増やせるといいなと思ってるんです。

し 僕もまったく一緒で。もともとそこまで勉強できるタイプではなかったんですけど、かっこいいシャーペンと出合ったことで、まず書くことが楽しくなった。書くために勉強してたら、そのうち勉強も楽しくなったんです。

も 僕もその順でしたよ。「このシャーペン使いたい、書きたい」と思って書いていたら、「あれ、知らん間に勉強してるやん」って。

し やっぱりそれがいいですよね。僕もそういうところを広めていきたい。勉強を楽しめる人を増やしたい。

も 最近はなんでもスマホでできる時代になってきたけれど、やっぱり机に向かって書くことの大切さみたいなのは実感していて。それを動画で伝えていきたいですね。

し 手を使って書いているとクリエイティブになりますよね。書くと、順序というか、頭の中のことが整理される。そういうところを広めていきたい。

し あと最後に。今お気に入りの文房具、筆記具って何ですか？

も 今まで動画で紹介したすべての文房具に愛着や思い入れがあるんですけど……。今1番となると、ル・ボナーのデブ・ペンケース。昔から憧れてて欲しかったペンケースで、ようやく買えるようになった。

し 文房具好きな学生は憧れますよね。デブ・ペンケースって。僕も買おうかなと思ってた。

も ぱっと見、普通のペンケースでどこにでもある形やん、て思うけど、ほかと違うこだわりを感じられる。とにかくかっこよくて持っているだけでテンションが上がるんです。だから今、1番のお気に入りです。僕が持ってるのは、ブラックのグレーステッチ。めちゃめちゃかっこいい。

し ちなみに筆記具だと？

も やっぱり、さっきもチラッと話に出た、カヴェコスペシャルのシャーペン。これが僕の中で不動の1位シャーペンです。

し もと弟さんといえばカヴェコスペシャル！ それ以外になっちゃったら僕もちょっと悲しいな（笑）。

ル・ボナー
デブペンケース

もと弟の今のイチ推しは、ル・ボナーのデブ・ペンケース。憧れ続けてようやく手に入れた逸品。

もともとTV × しーさー

著者 しーさー

文房具YouTuber 兼会社経営者。

中学3年生当時の2014年に文房具にハマり、好きが高じて2014年から動画投稿を開始。

文房具のレビュー動画は今では500本を超え、登録者数は72万人、総再生回数は2億8000万回を突破(2023年12月現在)。解説だけでなく映像にもこだわり、徹底的に文房具のディティールを解説している。

オリジナルブランドを立ち上げ、自分が本当に作りたいものを開発中(2024年発売予定)。著書に『しーさーのすごい！ペン解説』(実務教育出版)、『しーさーの木軸ペン図鑑』(主婦の友社)がある。

YouTube：youtube.com/c/Seasar04s20

X：https://twitter.com/Seasar04

Instagram：https://www.instagram.com/seasar04

編集　松原 健一／川名 由衣(実務教育出版)

企画・編集　木庭 將／木下 玲子(choudo)

執筆協力　浅水 美保／鶴田 雅美

制作協力　小尾 和美／御郷 真理子／里中 香／
吉岡 朋子／山田 弥生(キャリア・マム)
神戸派計画(https://kobeha.com/)

デザイン　黒坂 浩／近藤 みどり

カメラマン　佐々木 宏幸

しーさーの
すごい！ ペン解説

2021年6月25日　初版第1刷発行
2024年4月10日　初版第2刷発行

著者　しーさー
発行者　淺井 亨
発行所　株式会社実務教育出版
〒163-8671　東京都新宿区新宿1-1-12
電話　03-3355-1812(編集)　03-3355-1951(販売)
振替　00160-0-78270

印刷所　文化カラー印刷
製本所　東京美術紙工

ISBN 978-4-7889-2600-4 C2076